农业部"2012年为农民办实事"科技服务系列丛书

现代草原畜牧业生产技术手册

蒙甘宁干旱草原区

XIANDAI CAOYUAN

XUMUYE SHENGCHAN

JISHU SHOUCE

农业部畜牧业司
国家牧草产业技术体系 编

U0395206

中国农业出版社

图书在版编目（CIP）数据

现代草原畜牧业生产技术手册.蒙甘宁干旱草原区 /
农业部畜牧业司，国家牧草产业技术体系编 . —北京：
中国农业出版社，2012.8
（农业部"2012年为农民办实事"科技服务系列丛书）
ISBN 978-7-109-17018-6

Ⅰ.①现…　Ⅱ.①农…②国…　Ⅲ.①干旱区-草原
-畜牧业-西北地区-技术手册　Ⅳ.①S8－62

中国版本图书馆 CIP 数据核字（2012）第 168848 号

中国农业出版社出版
（北京市朝阳区农展馆北路 2 号）
（邮政编码 100125）
责任编辑　汪子涵

北京通州皇家印刷厂印刷　　新华书店北京发行所发行
2012 年 9 月第 1 版　2012 年 9 月北京第 1 次印刷

开本：880mm×1230mm　1/32　印张：7.375
字数：227 千字
定价：25.00 元
（凡本版图书出现印刷、装订错误，请向出版社发行部调换）

蒙甘宁干旱草原区分册编委会

主　　编：张英俊

副 主 编：刘永志　戎郁萍

编　　者：(以姓名笔画为序)

王晓亚　王晓光　王晓娟　乌艳红

刘　楠　刘亚红　孙海莲　李克昌

杨　鼎　杨秀芳　杨培志　杨瑞杰

吴江鸿　邱　晓　何小龙　张　蓉

张　攀　张璞进　罗海玲　单玉梅

格根图　贾玉山　徐晓静　梁庆伟

董　玮　程积民　游永亮

插图设计：刘　典

"离离原上草，一岁一枯荣。野火烧不尽，春风吹又生。"唐代大诗人白居易这首脍炙人口的古诗，深刻地描绘了我国广袤草原顽强的生命力。我国是世界第二草原大国，拥有各类草原面积近 60 亿亩，覆盖着约 42％的国土，是维护国家生态安全的绿色屏障和建设现代畜牧业的重要基地。

"如何造物开天地，到此令人放马牛。"打开历史长卷，人类社会的发展是从草原起源的。从距今 8000 多年伏羲氏时代的原始草原狩猎业，历经秦汉以来 2000 多年的传统草原游牧业，再到鸦片战争至今的近现代草原畜牧业。人类先祖从草原走来，随水而迁，逐草而居，驯兽而生，垦草植谷而存，草原一直是人类赖以生存、进化和发展的天赐家园。时至今日，全国约 70％的少数民族人口和 13 个省、自治区 268 个牧区半牧区县近 2 000 万的牧民群众仍然生活在草原上，草原畜牧业仍然是这些地区的传统支柱产业。加强草原保护建设、发展现代草原畜牧业，事关畜产品供应与牧民增收，事关生态环境保护与建设，事关民族团结与边疆稳定。草原在新时期我国生态文明建设和经济社会发展大局中具有不可替代的特殊作用。

改革开放以来，在党中央国务院的高度重视和正确领导下，经过各地区各部门和各族农牧民群众的不懈努力，我国草原保护建设事业取得了长足发展，草原法律法规日臻完善，重大生态工程项目相继启动，各项扶持政策措施陆续制定实施。特别是 2011 年，国务院出台了《关于促进牧区又好又快发展的若干意见》（国发〔2011〕17号），提出了涵盖牧区生态、牧业生产和牧民生活各个方面的具体政策措施，构建起了完善的草原牧区政策框架体系；时隔24年之后，再次召开全国牧区工作会议，从战略和全局的高度，对做好新时期的牧区工作作出了部署，充分体现了中央对牧区工作的高度重视，在牧区发展史上具有重要的里程碑意义。今年，中央财政投入150亿元资金，在13省、自治区全面建立了草原生态保护补助奖励机制。这项政策反映了牧区和牧民的意愿，契合了各地的探索与实践，抓住了草原保护与建设的关键，不仅是草原牧区政策的重大突破，也是强农惠农政策的丰富和完善，是新中国成立以来在草原牧区实施的一项涉及面最广、资金量最大的生态项目、民生项目和德政项目。可以说，草原牧区发展迎来了历史的春天，而且春风吹得很强劲。

争取政策不易，落实政策更难。草原牧区面积大、底子薄、基础差。与农业相比，牧业的物质技术装备水平更低、抵御风险能力更弱；与农民相比，牧民的收入来源更单一、转产就业渠道更窄；与农区相比，牧区的公共服务成本更高、统筹城乡发展难度更大。2012年是农业科技年，中央1号文件聚焦农业科技创新，国务院发布的《全国现代农业发展规划》突出农业科技教育。如何落实好中央的各项决策部署，进一步加大科技兴牧力度，不断提高草原牧区可持续发展能力，是摆在当前各级农牧部门面前的一项重大课题。我们常感肩负使命之光荣、责任之重大，未敢有丝毫畏难之情、寸厘懈怠之意。

根据各地草原资源禀赋特点和草原畜牧业发展现状，农业部组织国家牧草产业技术体系的专家编写了《现代草原畜牧业生产技术手册》一书，作为农业部2012年为农牧民办的31件实事之一。该丛书分为蒙甘宁干旱草原区、东北华北湿润半湿润草原区、青藏高寒草原区和新疆草原区 4 个分册，每个分册有天然草原、人工种草、养牛生产、养羊生产和现代草原畜牧业生产等若干章节。各分册均以保生态、保供给和促增收为主线，围绕草原新政宣讲、草原补播改良和建设现代草原畜牧业，重点普及提升牧草种植成活率和提高牧草产量技术，推广草畜配套、易地育肥和草原家庭牧场生产模式。丛书坚持面向基层，面向群众，语言质朴，浅显易懂，图文并茂，适合广大草原牧区基层技术人员和牧民群众阅读。

　　希望该丛书能成为广大草原牧区基层技术人员和牧民群众的参考佳作，裨益于草原生态保护建设和草原畜牧业生产活动；更希望各级农牧部门的广大干部职工以求真务实的科学理念、只争朝夕的进取精神，把草原畜牧业发展和生态保护的壮丽蓝图实实在在写在广袤的草原上，为落实好中央政策、促进牧区又好又快发展作出新的更大的贡献。

农业部副部长 高鸿宾

二〇一二年八月十七日

我国北方草原畜牧业主要集中于内蒙古、新疆、四川、西藏、青海、宁夏、甘肃、云南、黑龙江、吉林、辽宁、河北、山西等13个省、自治区。进入21世纪，国家先后实施了天然草原保护、退耕还林还草、退牧还草等重大工程，2012年又在这13个省、自治区开始执行"草原生态保护补助奖励机制"政策。草原重大工程和政策的实施，促进了传统草原畜牧业生产方式向以安全、环保、草畜平衡为特征的畜牧业生产方式转变。

《全国草原保护建设利用总体规划》中将我国草原分为北方干旱半干旱草原区、青藏高寒草原区、东北华北湿润半湿润草原区、南方草地区。据此及生产实践需要，《现代草原畜牧业生产技术手册》分为蒙甘宁干旱草原区、东北华北湿润半湿润草原区、青藏高寒草原区和新疆草原区4个分册。各分册编写大纲基本一致，分为天然草原、人工种草、养牛、养羊等生产技术4个章节和现代草原畜牧业生产模式1个章节，内容围绕各草原区天然草地改良、人工草地建植、饲草料加工贮藏、主要畜种科学饲养技术等编写，图文并茂。各分册充分发挥草地和牧草等相关生产技术在牧区半牧区草食家畜饲养中的重要作用，借助具体案例说明其在转变草原畜牧业生产方式和科学饲养技术的应用。

该丛书受农业部畜牧业司委托，由国家牧草产业技术体系牵头组织相关专家编写，是农业部2012年为农民办实事的具体措施之一。希望本丛书将草原畜牧业生产技术迅速传播到广大农牧民手中，指导农牧业生产。本丛书在撰写过程中得到许多草业老专家的指导和帮助，在此深表谢意。本书错漏之处，敬请批评指正。

编委会

2012 年 6 月 15 日

　　蒙甘宁干旱草原区横亘在中国的西北半壁，主要包括内蒙古自治区中西部、宁夏回族自治区以及甘肃省的河西走廊，是中国北方草原区的重要组成部分，千百年来不仅是地区经济和文化的摇篮，也是中国东南部重要的生态屏障。

　　蒙甘宁草原面积约占全国草原总面积的30％，是中国北方的主体陆地生态系统。本区年降水量在400毫米以下，主要集中在夏季，春旱严重，年蒸发量是降水量的4倍以上，草原以旱生多年生丛生草本植物为主，并混生有大量灌木和半灌木，牧草质量良好，适宜放牧各种家畜。草地畜牧业是本区域的主要农业生产方式，是农牧民经济收入的主要来源。但长期以来，天然草地退化、生产力低下、饲草生产供给严重不足，放牧牲畜处于"夏饱、秋肥、冬瘦、春死"的状态；草食家畜品种退化，生产效益低，使农牧民增收主要依靠增加牲畜数量来实现，加剧了草地的超载过牧；草地畜牧业科技含量低，牧民经营管理畜牧业的能力差。对草地的掠夺性经营不仅使牧民生产环境恶化，生活难以为继，而且使草地成为我国沙尘暴的发源区，严重威胁我国的生态安全。针对这一现状，国家在草原生态环境保护和草地畜牧业持续发展方面制定了一系列政策措施，并在蒙甘宁地区进行进行了卓有成效的政策探索和方法实践。目前，我国草地畜牧业正在从传统畜牧业向以集约、高效安全、环保、草畜平衡为标志的现代畜牧业方向发展，在生产经营方式转变过程中，农牧民普遍缺乏与现代草原畜牧业发展相适应的知识技能、成熟实用配套技术和现代经营理念。

　　本书立足于蒙甘宁草原区的草畜资源，以现有研究开发的草地畜牧业实用技术为基础，以牧民及基层技术推广人员为对象，收集整理了蒙甘宁3省份在天然草原保护与合理利用、人工饲草生产、牛羊养殖实用技术以及设施装备、草原畜牧业生产模式等方面的内容，用文字、照片、简图等多种表现形式进行说明，图文并茂、通俗易懂，致力于使本手册成为蒙甘宁广大牧民认识现代草原畜牧业，并向其转型的工具。本书能够给蒙甘宁地区广大牧民在发展现代草原畜牧业生产过程中起到一定的参考和借鉴作用，希望使用这本书的牧民以及基层技术推广人员根据当地的自然条件和生产经验，因地制宜，不断发展创新，逐步形成适应当地实际情况的实用技术知识和生产模式。

编　者

2012年6月

序言
编写说明
前言

第一部分 草原生产技术

第一章

天 然 草 地

第一节 草场简介

一、大型针茅（贝加尔/大针茅）草场

　　大型针茅草场主要是指建群种针茅植株生长高大。按照建群种针茅类型的不同，可以分为贝加尔针茅草场（图 1）和大针茅草场（图 2）两大类。以贝加尔针茅建群的草场，又可分为贝加尔针茅—羊草草场、贝加尔针茅—杂类草草场和贝加尔针茅—线叶菊草场。各种贝加尔针茅草场的共同特点是植物种类丰富，每平方米植物种类数量可以达到15～20 种，常见的亚优势种和伴生种有：羊草、线叶菊、地榆、野豌豆、裂叶蒿、冷蒿、小黄花菜、扁蓿豆、知母、蓬子菜、柴胡、多叶隐子草、糙隐子草、野火球、棉团铁线莲、华北蓝盆花等。

图 1　贝加尔针茅草场

图 2　大针茅草场（王明玖　摄）

　　贝加尔针茅草原植物生长茂盛，草层较高（30～50 厘米），覆盖度较大（60%～80%）。产草量高，干草产量为每亩 80～120 公斤，7、8 月份产草量占全年总产量的 70%～90%，全年平均适宜利用率为 40%～60%，平均 3～5 亩*草场可养 1 只羊。贝加尔针茅抽穗前粗蛋白质含量接近 14%，结实期粗蛋白质含量下降到 8%，枯草期粗蛋白质含量接近 3%。草场质量好，马、牛、绵羊等家畜均喜食，既是优良的放牧场，也是良好的打草场。贝加尔针茅适宜在抽穗前利用，1 年中春季适口性最好，果实成熟时具有硬尖，常易刺伤羊的口腔和腹下皮肤，影响羊皮质量，甚至造成绵羊死亡；混入羊毛中也影响羊毛质量。但其果实的针刺对牛和马损伤不大，因此羊群在贝加尔针茅结实期应选择其他草场放牧。

　　连续刈割和过度放牧可导致草场退化，当每平方米植物盖度低于 40%，贝加尔针茅、羊草等优势种和亚优势种的比例低于 40% 时，可采取禁牧休牧、切根与松土相结合、免耕补播等改良措施，改善土壤的物理性状、水分状况和植物群落结构，提高草场的质量和生产力。

二、羊草草场

　　羊草草场是以羊草为主要建群种的草场类型（图 3），通常分布在降水量丰富、水分条件好的地区，也可在北方地下水位高、土壤轻微盐碱的地区分布。羊草草原具有发达的地下横走根茎，节间长 8～10 厘米，最短的 2 厘米，其上有棕褐色纤维状叶梢，根茎上可生出不定根，茎秆单生或呈疏丛，直立，株高 30～90 厘米。草群中的主要伴生

图 3　羊草草场

---

　　* 1 亩=1/15 公顷，编者注。

种有碱茅、披碱草、扁蓿豆、柴胡、防风、麦瓶草、阿尔泰狗娃花等植物。

羊草根系及根茎发达使其无性繁殖力和再生性较强，是刈牧兼用型牧草。羊草草群中营养枝的比例大，叶量丰富，年亩产干草可达到150～300公斤，7、8月份是产草量的高峰期，占全年产量的60%～80%。羊草草场是优良的打草场，也可进行放牧利用，适合放牧牛、绵羊和马等家畜，年平均适宜利用率为40%～50%，平均1.5～3亩草场可养1只羊。羊草适应性强，营养丰富，粗蛋白质含量10%～16%。饲喂效果好，有"牲畜的细粮"、"抓膘草"和"奶牛的宝草"之美誉。

由于家畜践踏和常年割草，草地土壤表层紧实，通气透水性差而引起羊草草地退化，羊草密度降低到每平方米枝条数量低于200个时，需要进行草地恢复。通常羊草草场的恢复方式有浅耕翻、深松耕等措施疏松土壤、切断羊草根茎，增加草群中的羊草数量。

三、本氏针茅草场

本氏针茅是黄土高原及石质干燥坡地最为常见的草种（图4），常与茭蒿、兴安胡枝子、万年蒿、铁杆蒿、冷蒿和百里香等混生组成群落，是群落的建群种。

本氏针茅为中上等放牧与刈割兼用型饲用植物，叶量丰富，茎叶柔嫩，营养期蛋白质含量可达12.25%，返青—抽穗前山羊、绵羊最喜食，其次是牛，是放牧利

图4 本氏针茅草场

用的最好时期。本氏针茅结实后期营养含量迅速下降，纤维含量上升，适口性下降。秋季果后营养期再生大量营养枝，至深秋干枯后保存完好，冬季补饲有一定意义。

本氏针茅草场的覆盖度小于40%～50%时，草场发生退化。轻度

退化草场可进行封育改良。中度退化草原采用封禁＋补播恢复技术，采用灌草宽带窄行补播技术，通常带宽 3～5 米、行宽 0.5～1.5 米；重度退化草原采用封禁＋改良补播恢复技术，改良补播采用灌草窄带宽行技术，窄带的带宽 1.5～2 米、行宽 2.5～3.5 米。

四、克氏针茅草场

克氏针茅草场通常分布在比贝加尔针茅、大针茅更干旱的地段（图5）。草场植物种类组成不丰富，克氏针茅比例为 80％～100％，占绝对优势。草场中的次优势种和伴生种有羊草、冷蒿、糙隐子草、阿尔泰狗娃花、扁蓿豆、星毛委陵菜、碱韭、细叶韭、银灰旋花、达乌里芯芭等。

克氏针茅草场根据其次优势种和伴生种的差异，使

图 5　克氏针茅草场

不同草场类型间有较大差异，因此生产力水平不同。一般草层高度 15～25 厘米，盖度 30％～60％，每亩年产干草 40～80 公斤，平均放牧利用率为 40％～55％，平均 10 亩草场可养 1 只羊。通常作为家畜的放牧场利用，可以放牧马、牛和绵羊，在高草区也可打草。克氏针茅果实成熟时存在与大针茅草场相似的利用问题，羊群在克氏针茅种子成熟时要转移到其他草场。

克氏针茅草场中锦鸡儿等灌木成分的增加导致草场灌丛化，会使草场质量下降，草群中冷蒿、阿尔泰狗娃花、银灰旋花和一年生草本植物也同时增加。一、二年生草本植物如猪毛菜、黄花蒿等数量多。严格控制草地放牧率是控制该类草场退化的主要措施，同时对克氏针茅、羊草草地可以采取松土补播方式，增加羊草比重，促进草群产量和品质的提高。

五、小针茅草场

小针茅草场是主要由短花针茅、克莱门茨针茅、沙生针茅、石生针茅和戈壁针茅等生长矮小的丛生型小禾草建群的草场类型（图6），草群中常混生有大量灌木，如各种锦鸡儿属植物、木地肤、驼绒藜、沙蒿等。

图 6　小针茅草场

这类草场水分条件差，草层一般高 10～20 厘米，盖度 20%～25%，年亩产干草 20～40 公斤，草群干物质含量和粗蛋白质含量都高于其他类型的草原和草甸草场，草质较好，最适羊、马放牧利用，是优良的放牧场。年平均最适利用率为 30%～40%，20～30 亩草场养 1 只羊。极端干旱年份应该禁牧，防止草场退化。

草场退化的主要标志是草群中小针茅的数量下降，但由于干旱频发，改良该类退化草场的主要方式是禁牧休牧。

六、沙蒿草场

沙蒿在我国北方沙区分布广泛，自东北向西南均有分布（图7）。沙蒿枝条能生出大量不定根，可分株插条繁殖。沙蒿群落的种间竞争能力强，群落中的伴生种有虫实、狗尾草、小画眉草、芨芨草、藜藜等。

沙蒿饲用价值属于中等或中等偏低，青绿时期气味重而苦，适口性不好，牲畜很少采食或不食，骆驼一年

图 7　沙蒿草场

四季采食。深秋枯黄后，适口性增加。马和牛也可采食。沙蒿富含无氮浸出物，粗脂肪也较高，粗蛋白质较低，粗纤维中等。

沙蒿是优良固沙植物，用种子和分株技术繁殖，2～3年生野生的黑沙蒿幼嫩根苗，分为2～3小株，移栽。山羊和绵羊采食沙蒿，骆驼喜食，马和牛通常不食。

沙蒿覆盖度低于40%～50%时，可用直播、扦插和移栽等技术恢复。

七、灌木类荒漠草场

灌木类荒漠草场是最干旱的草场类型（图8），植物生长需要的水分来源基本上由地下水和大气中凝结的水汽来供应，土层薄，质地粗，土壤中有机质含量很低。由于土壤基质不同，影响水盐状况变化，因此可将灌木荒漠草场划分为土砾质荒漠、沙质荒漠、盐土质荒漠3种。主要优势种和伴生种有：珍珠、红砂、梭梭、沙拐枣、骆驼

图8　灌木类荒漠草场（王德利　摄）

蓬、骆驼刺、草霸王、花花柴、铃铛刺、苦豆子等。

草群高度、盖度、产量在不同灌木类草场中差异较大，砾质荒漠半灌木层高度10～30厘米，盖度10%～30%；灌木层高度可达60～90厘米，盖度30%～40%，亩产干草10～20公斤；沙质荒漠中半固定沙丘上的小乔木、灌木层高度可达1米以上，盖度5%～10%；固定沙丘草层高度10～40厘米，盖度15%～30%，亩产干草18～30公斤；盐土质荒漠中多汁盐柴类（肉质叶）半灌木高度10～60厘米，盖度10%～30%，亩产干草20～40公斤。

这类草场通常草质低劣，只有嫩枝可供牲畜采食，适宜放牧骆驼。由于极度干旱，仅适合用禁牧休牧方式进行此类草场的恢复。

第二节　草场更新复壮技术

一、草地退化判别技术

为了便于判断，将草地退化划分为轻度退化、中度退化和重度退化3个级别，可通过表1来综合判断，针对不同草地类型分别做详细的描述。

表1　草地退化分级及其划分标准（李博，1997）

退化等级	植物种类组成	地上生物量和盖度	地被物与地表状况	土壤状况
轻度退化	原生群落组成中无重要变化，优势种个体数量减少，适口性好的种减少或消失	下降20%～30%	地被物高度明显降低	无明显变化，硬度稍增加
中度退化	建群种与优势种明显减少，但仍保留大部分原生物种	下降35%～60%	地被物数量明显减少	硬度增大1倍左右，地表有侵蚀痕迹；低湿地段土壤含盐量增加
重度退化	原生种类大半消失，种类组成单一化。植株矮小，一、二年生杂草占优势	下降60%～85%	地表裸露	硬度增加2倍左右，表土粗粒增加或明显盐渍化，出现碱斑

1. 针茅草地：针茅草地是以针茅属植物为优势种的一类草地类型，随着放牧强度的增加，群落会发生相应的变化。

（1）轻度退化：群落中的优势植物种没有发生变化，依然是针茅属植物占主要地位；与原生群落相比，草层高度、盖度、产量下降25%左右；地面上还会有部分枯落物存在。

（2）中度退化：群落中的优势植物发生变化，针茅属植物不再占主要地位，会被糙隐子草、冷蒿、百里香、无芒隐子草等植物代替。与原生群落相比，草层高度、盖度、产量下降 50% 左右，地面上不会有枯落物存在，地表有明显被侵蚀的痕迹。

（3）重度退化：群落中的优势植物再次发生变化，星毛委陵菜、银灰旋花、骆驼蓬占主要地位，或明显的具有优势作用。与原生群落相比，草层高度、盖度、产量下降 70% 左右，地面裸露面积明显增大，地表侵蚀痕迹更加明显，土壤颗粒变粗、砾石质化明显或地表沙化。

2. 灌丛草地： 灌丛草地是以旱生、强旱生灌木为主要物种，草本植物占有一定比例的一类草地类型，该类型在发生退化时主要通过灌木层植物、草本层植物的结构变化来判断退化程度。

（1）轻度退化：与原生群落相比，灌木的地上产量下降 20% 左右，还能看到幼小植株的存在；草本层适口性好的植物明显减少，适口性差的植物减少不明显。

（2）中度退化：与原生群落相比，灌木的地上产量下降 40% 左右，有死亡的成熟植株，幼小植株基本看不到；草本层适口性好的植物几乎看不到，适口性差的植物明显减少。

（3）重度退化：与原生群落相比，灌木的地上产量下降 70% 左右，个体矮小，死亡的成熟植株明显增多；草本层植物几乎全部消失，仅适口性差的植物少量存在。

3. 沙蒿草地： 沙蒿草地是土壤质地以沙质颗粒为主要组成成分，蒿属半灌木植物为优势的草地类型，可分为流动、半固定、固定 3 种类型，笼统的可以将流动类型与重度退化相对应，半固定类型与中度退化相对应，固定类型的退化程度依然可以通过群落与土壤的特征变化来判断，但主要以地表特征为主。

（1）轻度退化：沙蒿的枯落物相对较少，沙蒿植株间草本植物与原生群落相比适口性好的植物明显减少，适口性差的植物减少不明显；地表土壤结皮被破坏，结皮呈小块儿状，土壤流动性小。

（2）中度退化：与原生群落相比，枯死的沙蒿相对较多，沙蒿植株间草本植物减少明显，多年生植物还部分存在，适口性好的植物几乎没有；地表土壤结皮几乎看不到，土壤流动性明显。

（3）重度退化：沙蒿植株大小明显减小，幼小植株很难看到；沙蒿植株间一、二年生草本明显增多（如沙米、猪毛菜等），其他草本植物很少存在；土壤流动性较强。

二、草地封育、休牧禁牧技术

1. 技术描述：

（1）草地封育。草地封育是将退化、沙化、盐碱化草地保护起来，去除或降低利用强度，使牧草有机会进行结籽或营养繁殖，促进牧草自然更新，逐渐恢复草场生产力。封育方式可选择围栏封育（图9），如网格围栏、刺铁丝围栏、电围栏、生物围栏（如采用适合当地生长的灌木和小乔木），也可利用草场周边大地形的变化（如湖泊、山地、河谷等）作为封育边界。

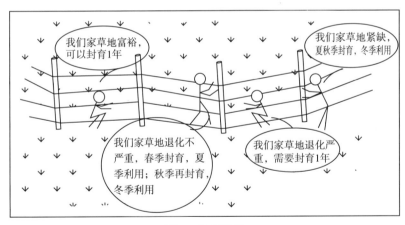

图 9　围栏封育

按照草地退化程度或牧民草场资源的面积确定封育时间长短，中重度退化草地封育3年以上，轻度退化草地封育时间短于3年。在牧草生长的某一阶段封育，时间短于1年的为休牧，封育1年以上（包括1年）的为禁牧。

（2）休牧。1年中的不同季节进行封育，就是草场休牧。①夏秋季封育，留作冬季利用，适合草场资源充裕的牧户。②每年春秋季均封育，适合草场资源不足的牧户。根据植物物候期、气候特点确定休牧起始时间。春季休牧一般选在春季植物返青以及幼苗生长期，如每年的4月初开始，6月中旬结束；秋季休牧一般选在植物结实期，主要植物进入盛花期为开始时间，牧草落粒后为结束时间。

（3）禁牧。禁牧最少要实施1年，即1个植物生长周期，根据禁牧后植被的恢复情况判断禁牧解除时间。当草群分层明显、盖度大，毒害草少，草群中幼苗普遍，年产草量是禁牧前的2倍以上，土壤表面没有侵蚀痕迹，土壤松软时可以解除禁牧。

2. 优点：草场恢复效果好，简单易行；有利于固定草场使用权；有计划地管理草场，控制草场放牧强度。

3. 应用范围：适宜于蒙甘宁地区所有类型的退化及沙化草场。

4. 注意事项：在草地封育期内，结合松土、补播、施肥和灌溉等管理措施，效果更显著。禁牧草地生产力逐步恢复时，应在冬季进行轻度放牧，以免过多枯草影响次年牧草返青生长。

三、松土切根技术

（一）破土切根复壮促生技术

1. 技术描述：通过机械（如 9QP—830 型草场破土切根机）手段划开土壤板结层（图 10），在地表形成极小切缝并伴随局部疏松，增加土壤透气性为好气微生物的活动创造有利条件。土壤板结容易形成地表径流，将板结的土层破开形成一道道沟缝，既能够使地表水分快速向土层深处渗透，又同时起到蓄水保墒的作用。切断草根，不翻动土壤，可增强分蘖，进而生长出新的植株。一般来讲，切缝宽度≤15 毫米，行间距 30～50 厘米，深度 10～20 厘米。

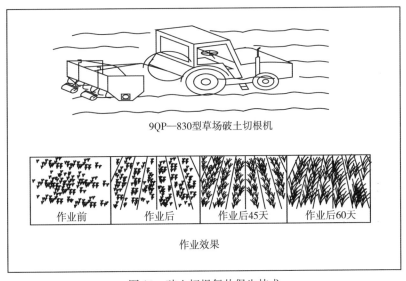

9QP—830型草场破土切根机

| 作业前 | 作业后 | 作业后45天 | 作业后60天 |

作业效果

图 10　破土切根复壮促生技术

2. 优点：切根效果好，对草场土壤和植被破坏小，不会造成翻垡、起垄、扬沙，不会出现缠草、拖拉草根等现象，能有效地改善土壤的通气和透水性，促进牧草的繁殖更新，提高牧草产量。

3. 应用范围：适用于地势相对较平坦、板结性退化的禾本科牧草草场。

4. 注意事项：在牧草返青期或降水前实施该技术。

（二）振动式间隔松土技术

1. 技术描述： 通过机械（9ST—460型草场振动式间隔松土机）对土壤进行强制振动疏松（图11）。利用切根装置切断牧草横走根系，同时切出规则的土壤垡条，再将其强制疏松，在疏松过程中土层的相互位置没有变化，因此草场的地表植被仍然铺放在地表。为防止土垡过于疏松和跑墒，要进行镇压。根据虚实并存的耕作理论，当松土宽度与未松土部分宽度的比值为0.69～1.45时，已松和未松土壤的孔隙度差值将达到10％以上，有利于牧草根系和微生物生长发育。虚实并存的耕作层能够提高草场土壤蓄水保墒能力和透气性，为牧草生长提供有利条件。一般来讲，松土的深度为15～20厘米，松土宽度28厘米左右，未松土宽度30厘米左右。

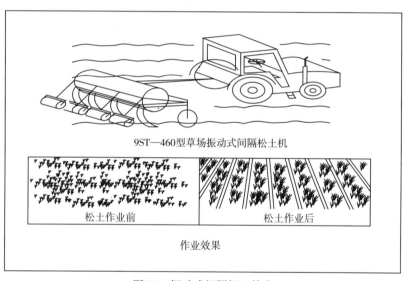

图11　振动式间隔松土技术

2. 优点： 在不破坏草场植被的条件下，对草场的板结土壤进行振动疏松。退化草场经松土作业后土壤坚实度显著下降，土壤容积密度降低，土壤含水率提高，有利于牧草根系的复壮生长。

3. 应用范围： 适用于地势相对平坦、轻度板结性退化的草场。

4. 注意事项： 在牧草返青期或生长衰退期降水前实施该技术。

四、补播技术

1. 技术描述:

(1) 补播时期。确定补播时期要根据当地的气候、土壤和草场类型而定,由于蒙甘宁大多草原地区,冬季降雨不多,春季又干旱缺雨,风沙大,春季补播有一定困难,从草场植被生长状况和土壤水分状况出发,以初夏补播较适合。

(2) 补播方法。采用撒播和条播两种方法。

撒播可用人工撒播、畜(如羊、牛、骆驼等)播和飞播(图12)。①人工撒播:若面积不大,最简单的方法就是在需要补播的地方人工撒播牧草种子。②畜播:在土壤基质疏松的草场上,利用畜群补播牧草种子也是一种在生产上比较实用的简便方法。如用废罐头盒做成播种筒挂在羊脖子上,羊群边吃草边撒播种子,边把种子踏入土内。③飞播:在大面积的沙漠地区或土壤基质疏松的草场上,可采用飞机播种(如果需要飞播,可与当地草原站联系实现飞播措施)。

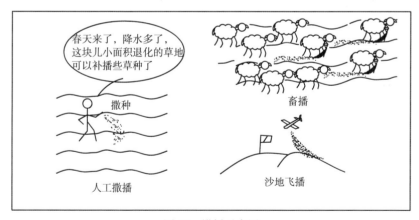

图 12　撒播示意图

条播主要是用机具播种,补播机要选择对土壤、植被破坏小的机械,并能在播种后覆土、镇压等(图13、图14)。

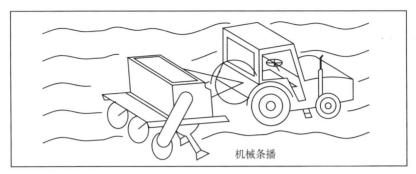

机械条播

图 13 条播示意图

图 14 免耕牧草播种机械

（3）补播牧草的播种量和播种深度。种子播种量的多少决定于牧草种子的大小、轻重、发芽率和纯净度，以及牧草的生物学特性和草场利用的目的。一般禾本科牧草常用播量每亩 1～1.5 公斤，豆科牧草每亩 0.5～1 公斤。草场补播由于种种原因，出苗率低，所以可适当加大播量 50％左右，但播量不易过大，否则对幼苗本身发育不利。

播种深度应根据草种大小、土壤质地决定。在质地疏松的壤质土壤上可播深些，黏重的土壤上可浅些；大的牧草种子可深些，小的种子可浅些。一般牧草的播种深度不应超过 3～4 厘米，各种牧草种子间应有区别，如苜蓿、草木樨等为 2～3 厘米，无芒雀麦和羊草为 4～5 厘米，冰草 1～2 厘米，披碱草和碱草为 3～4 厘米，狐茅、沙打旺为 0.5～1 厘米。有些牧草种子很小，如红三叶、看麦娘、木地肤等，可以直接撒播在湿润的草场上而不必覆土。牧草种子播后最好进行镇压，使种子与土壤紧密接触，利于种子吸水发芽。但对于水分较多的新土和盐分含量大的土壤不宜镇压，以免引起返盐和土层板结。

（4）补播地的管理（图15）。草原地区常常干旱，风沙大，严重危害幼苗生长。所以为了保护幼苗，保持土壤水分，常在补播地上覆盖一层枯草或秸秆，以改善补播地段的小气候。有条件的地区，结合补播进行施肥和灌水，这是提高产量的有效措施，也有利于幼苗补播。另外，刚补播的草场幼苗嫩弱，根系浅，经不起牲畜践踏。因此应加强围封管理，当年必须禁放，第2年以后可以进行秋季割草或冬季放牧。沙地草场补播后，禁放时间应最少在5年以上才能改变流沙地的面貌，而后才能成为生产草料基地。

图15　补播地的管理

2. 优点：对原有植被不破坏或破坏少，有效改善退化草场，提高草场生产力。

3. 缺点：受多方面因素影响，如水分条件、养分条件、原有植物竞争等，补播常常反复进行才能达到理想效果。

4. 应用范围：原有植被稀疏或过牧退化的草场；滥垦、滥挖使植被破坏，造成水土流失或风沙危害的草场；清除了灌木、毒草及其他非理想植物的草场；原有植被饲用价值或种类单一，需要增加豆科或其他优良牧草的草场；开垦后撂荒的弃耕地等。

5. 注意事项：

（1）补播地段的选择。补播地段应考虑当地降水量、地形、土壤、植被类型和草场退化的程度。在没有灌溉条件的地区，补播地区至少应有300毫米以上的降水量或有降水集中的时期。地形应平坦些，但考虑到土壤水分状况和土层厚度，一般可选择地势稍低的地方，如盆地、谷地、缓坡和河漫滩。在多沙地区，可以选择滩与丘之间交界地带，这样的地方风蚀作用小，水分条件也较好。

（2）补播牧草种类的选择。应从以下几方面考虑：

①牧草的适应性。最好选择适应当地风土气候条件的野生牧草或经驯化栽培的优良牧草进行补播。一般说，在干草原区补播应选择具有抗旱、抗寒和根深特点的牧草；在沙区应选择超旱生的防风固沙植物；局部地区还应根据土壤条件选择补播牧草种类，如盐渍地应选耐盐碱性牧草。

②选择的补播牧草种类还应从饲用价值出发，选适口性好、营养价值和产量较高的牧草进行补播。

③根据不同的利用方法选择不同的株丛类型。割草应选上繁草类，放牧应选下繁草类。

羊草草场上，补播的牧草有：羊草、无芒雀麦、鸭茅、猫尾草、洽草、草地早熟禾、草地羊茅、披碱草、老芒麦、黄花苜蓿、白三叶草、红三叶草、紫花苜蓿、山野豌豆、广布野豌豆、白花草木樨等。在针茅草场可以补播的有：羊茅、无芒雀麦、冰草、硬质早熟禾、黄花苜蓿、锦鸡儿、木地肤、冷蒿、达乌里胡枝子等。灌丛草场适合牧草有：沙生冰草、蒙古冰草、冷蒿、芨芨草、驼绒藜、木地肤、达乌里胡枝子等。在沙蒿草场补播牧草有：梭梭、沙竹、沙蒿、沙拐枣、花棒、柠条、三芒草、沙柳、沙米、沙生冰草、草木樨等。

（3）补播牧草种子的处理。针对不同类型的种子，在播前要经过清选、去芒、破种皮、浸种等处理，以保证牧草播种质量和发芽率。在生产实际上，有时对补播牧草种子进行一些特殊处理，如种子包皮、丸衣种子等，增加种子重量和所需的养分，以便进行大面积飞机播种。

五、施肥技术

1. 技术描述：施肥是通过人工方式（小面积施肥）或机械设施（大面积施肥）对退化草场施用无机肥料（氮肥、磷肥等）和有机肥料（厩肥、泥炭、堆肥、绿肥等）来补充草地中所缺少的牧草生长所需的营养元素，以提高草地牧草产量和品质（图16）。

人工施肥　　　　　机械施肥

图16　施肥示意图

一般来讲：①依据水分条件进行施肥。蒙甘宁草原地区干旱少雨，在春季有融雪水和土壤解冻时，施肥效果好；夏季雨季施肥亦有明显效果。有灌溉条件的地方，施肥与灌溉相结合。②羊草草场多施用氮肥、磷肥，适当补充钾肥；针茅草场多施用氮肥、磷肥，施入有机肥效果最好。③依据牧草生长进行施肥。一般情况下，在牧草的整个生长期施肥都有效果，在分蘖期效果更好。④尿素施肥量以 3～4 公斤/亩为宜。⑤将化肥施入土壤 5 厘米以下，效果最好。

2. 优点：大幅度提高牧草产量，并且增产效果可以延续几年。

3. 应用范围：适合于羊草草场、大针茅草场。

4. 注意事项：由于蒙甘宁地区草场类型多样，环境条件差异大，因此施肥种类、施肥时间、施肥量应咨询当地相关专家。

六、灌溉技术

(一)漫灌

1. 技术描述: 漫灌也叫浸灌,是利用水位的落差,在草场上引水漫流,短期内浸淹草场的灌溉方式(图 17)。草场浸灌,最好每年进行 2~3 次,春季缺水时,更有必要,应当进行 1 次浸灌,使草场充分浸润,以利牧草快速生长。水源可以通过修筑土埂蓄水(即通常在缓坡上修筑,沿等高线筑 1 道或多道层次的土埂)和修涝地(即山谷地形中,有较大径流或洪水较多时,可利用天然地形修涝坝截流)来解决。

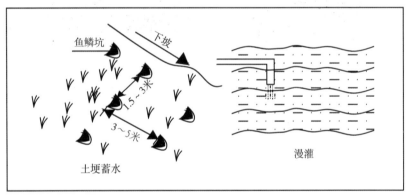

图 17 漫 灌

2. 优点: 工程简单,投资少,收效大,有的水源带有大量有机肥料,起到增加土壤肥力的作用。

3. 缺点: 缺点是耗水量大,灌水不均匀。

4. 应用范围: 一般多在能解决水源,草场地势平缓的地方采用;若坡度大时,可采用阻水渗透灌溉方式,如通过挖水平沟、鱼鳞坑、修主坝等拦阻水势,使水沿坡度的沟、坑慢慢下流渗透,达到灌溉目的。

5. 注意事项: 豆科牧草较多的草场,淹浸时间不宜过长,因豆科根系多数对潜水敏感,淹浸时间长,易受涝害而烂根或死亡。低洼草场应注意与排涝相结合,以免引起草场次生盐渍化。

（二）喷灌

1. 技术描述：喷灌是一种先进的灌溉技术，它是利用专门的喷灌设备将水喷射到空中，散成水滴状，均匀浇灌在草场上，喷灌系统可分为固定式、移动式和半固定式 3 种（图 18）。灌水定额、灌水次数和灌水时间应根据牧草种类、草场类型、产量、土壤和气候条件来决定灌溉制度。一般多以产量作指标来确定需水量。

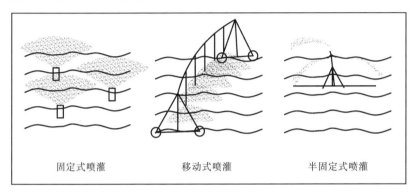

固定式喷灌　　　　移动式喷灌　　　　半固定式喷灌

图 18　喷　灌

计算公式：$E=Ky$

　　　　E：牧草田间需水量（米³/公顷）；

　　　　y：牧草计划产量（公斤/公顷）；

　　　　K：牧草需水系数，即每生产 1 公斤牧草所消耗的水量（米³/公斤）。

2. 优点：灌水工作全部机械化，减轻劳动强度。喷灌可以做到浅浇勤灌，不产生地表径流，不会导致土壤盐渍化，而且比地面灌省水达 30%～60%。喷灌能控制土壤水分，保持土壤肥力，不仅可以提高草产量，同时，不会使土壤板结，还可调节地面小气候，增加地面空气湿度。

3. 缺点：就是受风力、风向影响大，而且需要机械设备和能源消耗，投资大。

4. 应用范围：水源一般采用地下水，因此适用于地下水源相对不紧缺、易利用的地方。

5. 注意事项：应注意，产量与田间需水量的增加并不成正比关系，当田间需水量增加到一定程度时，必须增加其他农业技术措施，如施肥、密植等，否则产生逆反效果。另外，灌溉次数也应在灌溉定额限度内才有增产效果。

对于喷灌动力要求应因地制宜，视条件而定。可采用电力抽水或汽油、柴油机为动力，在山地、丘陵地采用天然水源落差形成自压喷灌，可节省设备，减少投资。

第三节　草原虫害防控技术

一、蝗虫的防治技术

（一）化学防治

1. 技术描述：利用化学防治草原害虫是在虫害爆发时采取的主要措施。当蝗虫发生密度超过 25 头/米²，可采用化学杀虫剂进行防治。方法有飞机喷药和地面机械喷药（图 19）。凡地势较平坦，适于飞机作业，且害虫危害严重的天然草场可采用飞机喷药防治。地面机械采用悬挂式气力喷播（喷雾）机、机动弥雾机等机械，在虫害发生的初期或害虫的低龄期喷洒。常用于灭蝗的杀虫剂有快杀灵、锐劲特、高效氯氰菊酯等，喷药防治前，将原药稀释成 1 000 倍液使用，药剂配好后，先在蝗虫危害区域进行药效检验，确认效果后，再开展大规模的防治工作。

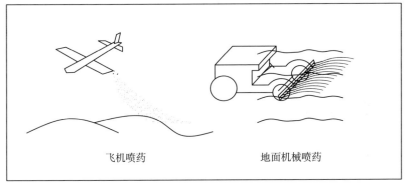

飞机喷药　　　　　　　　　地面机械喷药

图 19　蝗虫的化学防治

2. 优点：化学防治具有快速、高效、使用灵活等优点。

3. 缺点：长期喷施化学药剂会造成农药残留，对环境污染严重。飞机喷药和一些大型机械喷药的投资大，牧民无力承担，需要当地草原站的协助完成。

4. 注意事项：①注意飞机喷药应与地面中小型药械防治相结合，

以达到经济、有效的效果。②防治工作开始后，每天的作业情况要随时检查，并根据作业情况绘制防治作业图，核对每天的作业范围，避免重复防治和漏防。

（二）生物防治

1. 微孢子灭蝗：

（1）技术描述：微孢子虫是丝孢纲的一种原生动物，它对蝗虫有明显的感受性和致病力。目前常用生物防治剂（主要有蝗虫微孢子虫制剂和细菌灭蝗剂）可以采用喷雾、喷毒饵等方式施用（图20）。当蝗虫密度不超过 20 头/米^2，且虫龄较低时，宜使用生物制剂采用超低量喷雾进行防治。

图 20　微孢子灭蝗

（2）优点：成本低廉，操作简便，一次防治可在蝗群内引起中长期微孢子虫病的流行，从而控制多代蝗虫的发生数量。此外，微孢子虫对人、畜安全，对环境无污染。

（3）缺点：与化学药剂防治相比见效慢。

（4）应用范围：对亚洲小车蝗、宽须蚁蝗、小翅雏蝗、红翅皱膝蝗、白边痂蝗、亚洲飞蝗、东亚飞蝗等蝗虫种类均有明显的感受性和致病力。

2. 牧鸡灭蝗技术：

（1）技术描述：在蝗虫发生较为严重的地区，蝗虫密度在 20～30 头/米² 时，可引进大量牧鸡进行饲养，以起到降低蝗虫密度的作用（图 21）。放养期，鸡群每天给予 20 克信号粮，其余均以蝗虫为食。一般，1 只牧鸡 3 个月可防治 10 亩左右，不同品种的鸡经过 3 年灭蝗，平均日增重 15～19 克。

图 21　牧鸡灭蝗技术

（2）缺点：需要大量饲养，投资较大。

（3）优点：牧鸡灭蝗对环境友好，具有一定的经济效益，牧民利用牧鸡治蝗的同时，也获得了较好的收入。

（4）注意事项：根据地区特点选择适应当地环境、气候条件的牧鸡品种进行饲养。

二、草场螟的防治技术

（一）物理防治

1. 技术描述：在成虫始见期开始至成虫发生末期或成虫迁入高峰期，在草场上设置灯光诱虫装置诱杀成虫。采用高压汞灯、频振式杀虫灯、黑光灯诱杀草场螟成虫，高度以灯底高出周围主要植物顶部20厘米为宜，每盏灯控制面积在49.5亩左右。诱虫灯的使用需要用电，需在草原上安置太阳能板发电，或架设电杆和线路输电。

2. 优点：效果显著，对环境友好，无化学药剂残留。

3. 缺点：诱虫灯需用电，需要安置太阳能板，费用较高。

4. 注意事项：诱虫灯应安置在视线开阔处，尽量避免在坡地、谷底等地面凹陷处安置。

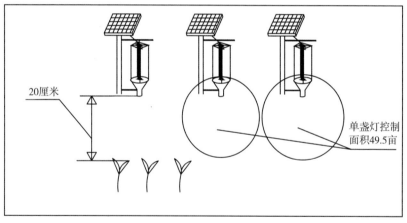

图22　草场螟的物理防治

（二）草地螟化学防治

1. 技术描述：在幼虫三龄前，即在卵始盛期后10天左右，通过喷雾直接喷洒农药（图23），常用的药剂有：4.5%高效氯氰菊酯1 000～2 000倍液、5%锐劲特悬浮剂18～30毫升/亩；1%苦参碱800～1 000倍液、2.5%敌杀死乳油20～25毫升/亩；晶体敌百虫800～1 000倍液、50％辛硫磷乳油 1 000～2 000 倍液。

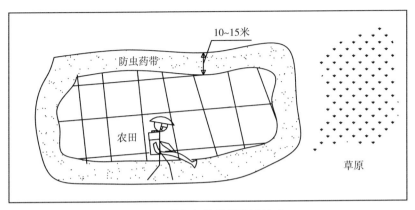

图 23　草场螟的化学防治技术

2. 优点：防治效果迅速、显著。

3. 缺点：大量使用杀虫药剂会造成农药残留，影响草原的生态环境。

4. 注意事项：草地螟幼虫龄期不同，用药剂量应有所不同。当幼虫龄期超过三龄时，可适当加大用药剂量。

第四节 草原鼠害防控技术

一、鼠害的防治技术

(一)物理防治

1. 技术描述：在草原环境下，当鼠害危害处于轻度时，长爪沙鼠有效洞数在 33 个/亩以下，布氏田鼠有效洞数在 100 个/亩以下，可采用物理方法进行防治。常用的物理防治方法是捕鼠器，捕鼠器主要有鼠夹、弓形夹、鼠笼（图 24）。

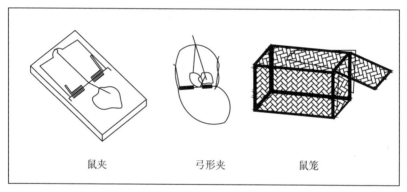

鼠夹   弓形夹   鼠笼

图 24 鼠害的物理防治

（1）鼠夹：鼠夹用木板、镂空铁板、粗铁丝作主体，架以铁丝环，利用弹簧的作用力，进行捕鼠。

（2）弓形夹：弓形夹分大、中、小 3 种型号，适用于捕捉洞口明显的鼠类。

（3）鼠笼：鼠笼多数用铁丝编成，放在鼠类经常活动的场所，捕鼠时需要放诱饵。

2. 优点：器械法便于操作、效果明显。

3. 缺点：在大面积灭鼠中功效低、不宜使用。

4. 注意事项：捕鼠器械用完后需妥善处理，不要赤手接触污染物，在动物流行病区需要特别注意。

（二）化学防治

1. 技术描述：该方法是使用有毒化合物（化学药物）防控害鼠的方法。使用时对鼠害区害鼠的有效洞数进行调查分析，当长爪沙鼠有效洞数达到 33 个/亩以上，布氏田鼠有效洞数达到 100 个/亩以上，可使用化学药剂进行防治。生产中常用的化学防治方法有毒饵法和熏蒸法。

（1）毒饵法：将灭鼠剂拌入食物中，诱使鼠食入使其致死的方法。毒饵配制时，可采用铁槽及人工搅拌的方法，一般用 2 个 1 米 × 2 米 × 0.5 米的铁槽，计算出饵料量和加药量，先加饵料，后加药液，然后开始搅拌，直至拌匀，放置 10 分钟后取出晾晒（图 25），饵料制作好之后可进行人工投饵或机械投饵。目前，市场上已经出现投饵机，该机械可自动开洞投饵（图 26），相关研究表明，鼠类对此类新开的洞有偏好，因此机械投饵灭鼠成功率高。此外，该机械投饵后会自动覆土，可防止家畜误食。

生产中常用的灭鼠剂有：杀鼠灵、敌鼠钠、氯敌鼠、杀鼠醚等。杀鼠灵常用浓度为 0.025％～0.05％；用 0.05％杀鼠灵小麦毒饵 1 次投饵，每亩投 100～150 克灭布氏田鼠和长爪沙鼠，灭鼠效果达 80％以上。敌鼠钠常用浓度为 0.05％～0.1％ 1 次投饵，每亩投 0.15 公斤灭褐家鼠，达到良好的灭鼠效果。

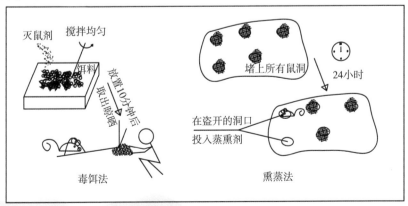

图 25　鼠害的化学防治

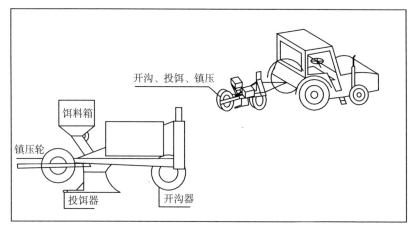

图 26　机械毒鼠

（2）熏蒸法：利用毒气强制使鼠吸入引起死亡的方法。投药之前要把灭鼠地块中所有的鼠洞均堵上，经 24 小时后，凡是盗开的洞口投入熏蒸剂（图 25）。生产中常用的熏蒸剂有氯化苦、磷化铝和磷化钙等。氯化苦一般使用量在每洞 5 克左右，具体情况根据鼠的种类和气温而定。使用时可直接将氯化苦投入或将其倒在烟剂上点燃后投入。磷化铝一般为片剂，每片 3 克，氯化苦一般使用量为每洞 1 片，使用时直接投入即可。

2. 优点：化学防治是具有快速、高效的特点，其中毒饵法是目前鼠害防治中常用的方法，其成本低、灭鼠效果好、效率高。确实可在较短时间内把鼠密度降下来，对于缓解鼠—草—畜之间的矛盾起到了积极的作用。

3. 缺点：长期依靠化学药剂灭鼠不仅不能扭转被动应对的局面，反而导致草原食谷鸟类和食肉类动物大量减少，草原生物多样性普遍下降。此外，由于草原地广人稀，投药的局限性大，无法阻止鼠害成灾。

4. 注意事项：使用毒饵法灭鼠时，应看管好毒饵，在毒饵放置处采取必要的隔离措施，防止家畜误食。使用熏蒸法灭鼠时，投药人员要站在侧风位置，投药后立即将洞口堵住，以保证人员安全。

（三）生物防治

1. 技术描述： 自然界有许多捕食鼠类的动物，如鹰、黄鼬、艾虎、野猫等。保护和招引天敌是一种有效灭鼠的方法。可以在草场上设置鹰架（图27），招引天敌，对控制鼠害起到了一定的作用，养猫也能消灭部分老鼠。

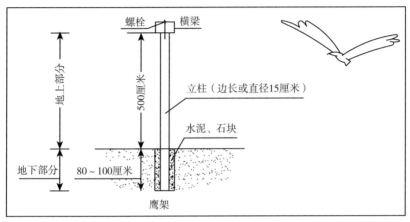

图 27　鼠害的生物防治

2. 优点： 对生态环境友好，在鼠害正常发生的年份，具有一定控制作用。

3. 缺点： 当鼠害大发生时，天敌的作用是微弱的。

4. 注意事项： 养猫灭鼠时，猫身上有寄生蚤，容易传染疾病，因此，在疫区尽量不养猫灭鼠。

第五节 草场合理利用技术

一、放牧场的合理利用技术

（一）放牧场合理利用技术

1. 确定合理的载畜量：

（1）技术描述：草地理论载畜量是指在一定放牧时期内，一定草地面积上，在不影响草地生产力及保证家畜正常生长发育时，所能容纳放牧家畜的数量（图 28）。计算理论载畜量的方法简单，即单位草地面积1年生产的饲草数量乘以饲草利用率再除以1只家畜在放牧时期内的饲草需求量（家畜日需要饲草量乘上放牧天数），就等于此放牧地的理论载畜量，计算单位为家畜单位/亩，其倒数则为面积单位，即亩/家畜单位。

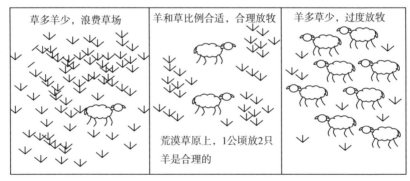

图 28　确定合理的载畜量或放牧强度

$$家畜单位（羊单位）=\frac{放牧季的牧草产量×草地的利用率}{放牧家畜的牧草日采食量×放牧时间}$$

$$\frac{面积单位}{（亩/羊单位）}=\frac{估测时需要草地面积×放牧家畜的牧草日采食量×放牧时间}{放牧季的牧草产量×草地的利用率}$$

（2）优点：可以保护草场，提高牧草质量和产量。

（3）缺点：载畜量的数值只是一个相对稳定的数值，只有相对的意义，在多种因素的影响下不断变化，如气候、土壤、植被、家畜种类、放牧制度等。因此，载畜量的测定不是一劳永逸的，应该根据具体情况，经过一定时期以后重复测定。

（4）注意事项：草场载畜量首先决定于草场的饲料贮藏量，应该根据饲料贮藏量来定。

2. 确定正确的放牧时期：

（1）技术描述：根据草场植物生长发育的生物学知识，适宜的始牧期，一般针茅草场（以禾本科牧草为主）应在禾本科牧草开始拔节时；沙蒿草场（以莎草科为主）应在腋芽（或侧枝）发生时；灌木草场（以豆科、杂类草为主）应在分蘖停止或叶片生长到成熟大小时（图29）。适宜的终牧期，视各地生长期结束的迟早而定。根据实验证明，一般在生长季结束前30天停止放牧较为适宜，生长季结束后可以再行放牧。

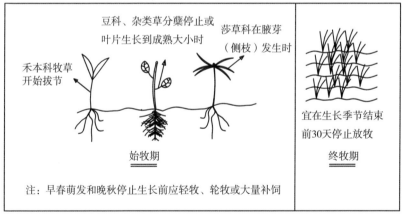

图 29　确定正确的放牧时期

（2）优点：利于牧草再生，促进其复壮更新，提高牧草质量和产量。

（3）缺点：限制了牧民放牧时间，增加了对饲草料的需求量。

（4）注意事项：放牧场放牧利用有 2 个忌牧期，即早春萌发和晚秋停止生长前，此期间应采取轻牧、轮牧，甚至大量补饲的办法来减小放牧对放牧场的影响。

3. 确定适宜的利用率：

（1）技术描述：利用率一般是指适宜放牧量所代表的放牧强度（图30、表2）。草场利用率的表示方法是：

$$利用率 = \frac{应该采食的牧草重量}{牧草的总产量} \times 100\%$$

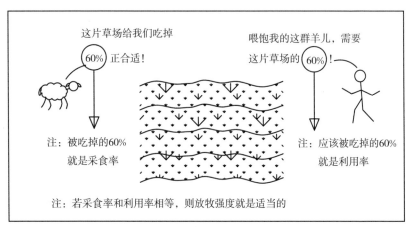

图 30　确定适宜的利用率

表 2　草地合理利用率表（%）

草地类型	暖季放牧利用率	春秋季放牧利用率	冷季放牧利用率	全年放牧利用率
低地草甸类	50～55	40～50	60～70	50～60
温性草甸草原类	50～60	30～40	60～70	50～55
温性草原类	45～50	30～35	55～65	45～50
温性荒漠草原类	40～45	25～30	50～60	40～45
沙地草原（包括各种沙地温性草原）	20～30	15～25	20～30	20～30
温性荒漠类和温性草原化荒漠类	30～35	15～20	40～45	30～35
沙地荒漠亚类	15～20	10～15	20～30	15～20

注：依据放牧利用方式确定表中规定的利用率幅度：采用轮牧利用方式的草地，其利用率取表中规定的利用率上限；采用连续自由放牧方式的草地，其利用率取表中规定的利用率下限。割草地刈割的牧草利用率，规定为实测产草量的90%。退化草地包括退化放牧地和退化割草地。轻度退化草地的利用为表中规定的草地利用率的80%；中度退化草地的利用率为表中规定的草地利用率的50%；严重退化草地停止利用，实行休割、休牧或禁牧。干旱季节应是规定利用率的50%。

家畜在放牧场上采食牧草的实际重量就是采食量（图30），采食量占牧草产量的百分数就是采食率。采食率的测定一般采用重量测定法，方便、比较准确，具体计算公式如下：

采食量＝每组中一个样方放牧前刈割称重－每组中另一个样方在放牧后刈割称重

$$采食率＝\frac{采食量}{牧草产量}\times100\%$$

利用率的标准确定以后，可根据采食率来衡量和检验放牧强度，放牧强度在理论上的表现是：放牧适当：采食率＝利用率；放牧过重：采食率＞利用率；放牧过轻：采食率＜利用率。

（2）优点：草场利用率可以作为草场合理利用的评定标准，增加草场的利用价值。

（3）缺点：草场利用率受到多种因素的影响，例如，牧草的耐牧性、牧草的生长时期、牧草的质量状况、地形和水土保持状况等。

（4）注意事项：不同的放牧强度对草场的生产状况和植物组成将发生显著影响，确定适宜的放牧强度，可以维持草场较高的生产水平，但是这种适宜的放牧强度必须经过多次的放牧测定。

（二）划区轮牧场合理利用技术

1. 小区轮牧技术：

（1）技术描述：在人工草地和天然草场划区轮牧时，家畜只在牧场某一部分的一段时间内放牧，剩下的牧场处于"休息"状态。为了达到这个目的，牧场被分为很多小的区域（被称为小区），家畜从一个小区移到另一个小区，按规定好的放牧顺序和小区放牧时间进行放牧。

在一个轮牧系统中，理想的放牧小区数量由最长的休牧期（牧草最长的再生期）、放牧期和同一牧场的放牧畜群数量决定。小区数量计算方法：

$$小区数量＝\frac{休牧期}{放牧期}+畜群数量$$

用牧场的总面积除以小区的数量计算出每个小区的面积。每个小区的实际大小将根据位置的不同而进行剪切，小区面积应该足以在每个放牧期都能给家畜提供最适的高质量牧草。

最简单的布置小区围栏的方法是做成统一的正方形或是长方形（图31）。这种方法可以轻易地通过可移动的围栏划分出小区，并且因为小区面积相同，所以在计算时也相对简便。正方形的小区可以使用最少的围栏圈出最大的面积。另一种选择是如图32所展示的，制成长方形的牧场，带状放牧。

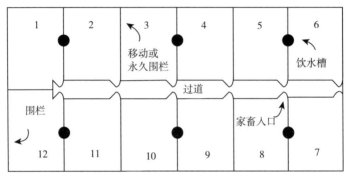

图 31　小区围栏布置

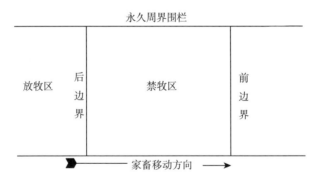

图 32　长方形牧场

（2）优点：处于休牧状态的小区，牧草能够休养生息，从而获得长期最大产量。

（3）缺点：围栏成本高，投资大。

（4）注意事项：轮牧小区的形状和布局通常以自然条件，如林带、壕沟、河流、湖泊、山岭等为边界，以减少建立小区围栏的投资。轮牧小区在春季开始放牧时，注意家畜从干草和精料舍饲到放牧有一个适应过程；对草场而言，需要3种方式避免最后计划轮牧小区的牧草因未及时放牧而品质下降。方法1：在前1年秋季执行最后1次轮牧时设计返青时间差。方法2：当牧草高度达8～10厘米时，采用自由放牧并逐渐缩小面积，当未被采食牧草高度生长到15厘米时，放牧区应缩小到30%～50%，这样可以错开牧草全年的生长速率。方法3：划出干草或青贮小区。

2. 季节轮牧技术：

（1）技术描述：季节轮牧是根据地形、气候、牧草生长的季节变化和牲畜采食需要，在不同季节放牧不同区域的放牧方式。季节放牧地的选择：

①冬季牧场：冬季气候寒冷，牧草枯萎，适口性差，因此，冬季放牧地要求较高（图33）。就地形而言，要求避风向阳；在植被上要求植物枝叶保存良好，覆盖度较大，植株较高，不易被雪埋没的植物；距离居民点、割草地、饲料基地、围栏草场较近，居民点附近要有水井；必须要有棚圈。

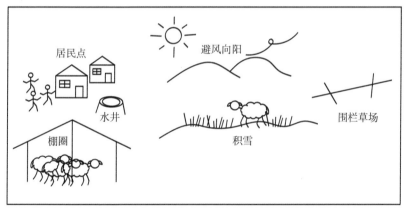

图33　季节放牧技术（冬季）

②春季牧场：在条件要求上与冬季牧场相近，要求开阔向阳、风小的地方（图34），或低平浅谷而植物萌发较早的放牧地；距离居民点近并有较好水源和盐碱地的草场。

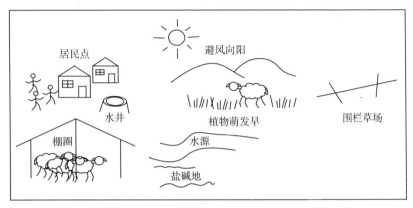

图 34　季节放牧技术（春季）

③夏季牧场：要求地势高、干燥、凉爽而通风（图 35），山地或牧草低矮而无蚊蝇的坡地、台地和岗梁地等；水源充沛而水质较好；植物生长旺盛，种类多且草质柔软的草地。

图 35　季节放牧技术（夏季）

④秋季牧场：地形上要求开阔的平川和滩地，或前山地带的阶地（图 36）；植被上要求多汁、干枯较晚和结实丰富的牧草；秋季后期，家畜饮水次数减少，可以选择水源条件中等、离居民点稍远的草地。

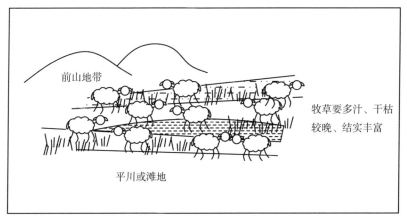

图36　季节放牧技术（秋季）

（2）优点：减少饲草浪费，节约草场面积；提高畜产品产量；还可以保护草场，改进植被成分，提高草群品质；加强放牧地的管理；防止家畜蠕虫病感染。

（3）缺点：对放牧地的选择要求很高，需要考虑各种因素。

（4）注意事项：在选择和划分季节放牧时，需要考虑的因素主要有：地形和地势、植被和水源条件，此外，有关草场的宽窄、面积、交通条件、防寒设施及与饲料基地的远近亦应考虑。

（5）应用范围：适合干旱地区全年放牧，适用于天然草场。

二、割草场的合理利用技术

割草场是指牧区草原、农区草山草坡、沿海滩涂草场，以及人工、半人工草场中能够进行割制干草的地段，是草场的一个重要组成部分。收获干草的一项重要环节就是牧草的刈割，其作业质量直接关系到当年收获干草的数量和品质，也影响以后草场生产力水平的维持和提高。

（一）确定牧草的刈割时期和高度

1. 技术描述：刈割时期是影响割草场单位面积产量和干草品质的一项重要因素，确定牧草的适宜刈割时期，应考虑的因素主要有：

①当年草场产量和干草营养物质含量：一般在单位面积营养物质总收获量最高时期（即同时兼顾草场产量与干草品质）进行刈割。通常当年割草场产量和干草的营养物质含量，尤其可消化营养物质含量的最高时期都在开花期，因此，牧草的适宜刈割时期应该是开花期（图 37）。

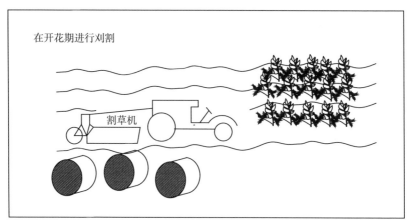

在开花期进行刈割

割草机

图 37 确定牧草的刈割时期

②刈割时期对下年草场产量的影响：为使下年草场获得高产，牧草的刈割也应在开花期进行。

机械刈割则留茬高度最高在 5 厘米为宜。具备灌溉条件的人工草地饲草刈割收获时，留茬高度则以 5～8 厘米为宜。

2. 优点：可以提高草场产量和干草品质。

3. **注意事项**：刈割时间应以草场中主要牧草的开花时间为参考。使用机械割草时，当时的风向和风速都会影响刈割高度，因此，应该逆风割草，并且当风力达到5级以上时，应停止刈割。

(二) 割草地轮刈制度

1. **技术描述**：割草地轮刈制是按一定顺序逐年变更刈割时期、次数与培育草场的制度，其中心内容在于变更草场逐年刈割的时期和利用次数，并进行休闲与培育。比较适合内蒙古、甘肃、宁夏地区的轮刈技术是4年4区的轮刈制度（图38），将割草地划分成4个区，逐年进行打草时间的轮换，在每4年内休闲1年，不进行割草。9月割草所获干草为霜黄草，植物籽粒可以成熟，进行天然下种，而在下1年休闲时，籽苗可以获得良好的发育，不受损伤；7月割草正值牧草抽穗开花阶段，所获干草品质较优，俗称伏草，刈后尚能再生，并有充分时间积累植物体内可塑性营养物质以备越冬，而再生草可轻度放牧；8月割草所获干草为秋草，品质次于伏草，刈后再生微弱。按照这一方案进行割草地轮刈，每年可以从3个区获得干草，1个区获得再生草放牧。

2. **优点**：使草场植物贮藏足够的营养物质和形成种子，有利于草场植物的营养更新和种子繁殖，并能改善植物的生长条件。

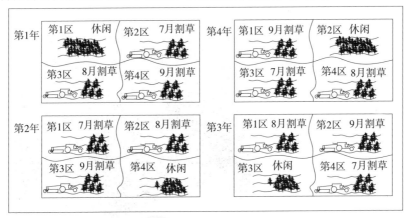

图38　割草场轮刈制度

第二章

人工种草技术

第一节　牧草栽培技术与特点

一、禾本科牧草及饲料作物

（一）老芒麦/披碱草（图 39）

播种前深翻土地（如春播，应在前 1 年秋季翻地），施足基肥，每亩施 1 500 公斤厩肥和 15 公斤碳酸氢铵。播前耙耱，使地面平整，干旱地区播前要镇压土地。有灌溉条件的地区，可在播前灌水，以保证播种时墒情。春、夏、秋 3 季均可播种。因苗期生长缓慢，春播应防止春

图 39　老芒麦（中国饲用植物志）

旱和一年生杂草的危害。

老芒麦/披碱草种子具长芒，播种前要去芒。宜条播，行距15～30厘米，播种深度3～4厘米，覆土厚度2～4厘米，单播播量收草者每亩1.0～2.0公斤，收种者每亩1.0～1.5公斤。老芒麦/披碱草对水肥反应敏感，产量高峰期后，应结合松耙追施有机肥，以提高产草量，延长利用年限，一般每亩1 000～1 500公斤。利用5年的草地可延迟割草，采用自然落粒更新复壮草丛。宜在抽穗期至始花期刈割利用，北方大部分地区每年刈割1次。

适口性好。牛、羊、牦牛、马均喜食。植株无毛、无味。一般每亩干草产量200～400公斤。营养成分含量丰富，抽穗期全株粗蛋白质含量为11.0%～13.0%，且消化率较高。

（二）无芒雀麦（图40）

播前应精细整地，施足底肥，每亩可施厩肥1 500～2 500公斤。墒情良好，春、秋均可播种。条播、撒播均可，多采取条播。一般条播，行距15～30厘米，种子田可加宽行距到45厘米。播种量单播时每亩1.5～2.0公斤，种子田可减少到每亩1.0～1.5公斤。苗期除杂草2～3次。拔节、孕穗期施氮肥或氮磷混合肥可显著提高产量和质量，每亩施氮肥10～15公斤，追肥后灌水。调制干草在抽穗期刈割。

图40　无芒雀麦（中国饲用植物志）

无芒雀麦叶量大、适口性好，营养丰富，各种家畜均喜食。孕穗期粗蛋白质含量为 20.8％、粗纤维含量为 22.8％。产量的高峰在抽穗期，粗蛋白质含量在此时也较高。一般每亩干草产量 400～500 公斤。无芒雀麦可以刈制干草，也可放牧利用。制干草，每年刈割 2 次；生长 3～4 年后放牧，第 1 次放牧的适宜时间在孕蕾期。也可与豆科牧草混播，与紫花苜蓿混播，可以提供优质干草和放牧草地，显著提高家畜产量和质量。还可以与红豆草、红三叶草组成良好的刈割地，放牧草地。

（三）蒙古冰草（图 41）

蒙古冰草发芽率高，宜建植成活，对土壤要求不高，但以疏松的土层为好。春播或秋播均可。一般为条播，行距 20～30 厘米，播深 3～4 厘米，每亩播种量 1.0～1.5 公斤。沙蒿和锦鸡儿灌丛中，蒙古冰草自然竞争力强，混生植株比单独生长高得多。因此，与其他豆科牧草混播可提高产草量。

图 41　蒙古冰草

蒙古冰草属刈牧兼用牧草，营养价值较高，抽穗期粗蛋白质含量为 19％。产草量也较高，旱作条件下，一般每亩干草产量 100～200 公斤。早春鲜草为羊、牛、马等各类牲畜所喜食；抽穗以后适口性降低，牲畜不太喜食；秋季牲畜喜食再生草；冬季牧草干枯时牛和羊也喜食。蒙古冰草又是良好的固沙植物，适宜作为退化草场人工补播的草种，在沙区，蒙古冰草是改良沙地草场比较理想的牧草。

（四）羊草（图42）

可用种子繁殖，可用根茎无性繁殖。用根茎进行无性繁殖时宜选择较湿润的壤质土或沙壤质暗栗钙土，将羊草根茎分成长5～10厘米的小段，每段有2个以上根茎节，按行距20～30厘米、株距10～15厘米埋入开好的土沟。人工播种的羊草草地，要求土地疏松、通气良好，排水通畅。春、夏、秋季均可播种。播种前应进行种子清选，以提高种子的纯净度，每亩需种子2.5～4公斤，播种行距15～30厘米，覆土2～3厘米。播后及时镇压，以利出苗。羊草种子发芽率低，幼苗细弱，易导致死亡，应适时补播。栽培的羊草主要用于刈割调制干草，孕穗期至花期刈割为宜。在水分充足的条件下，年可刈割2次，首次刈割后过40～45天可再割，最后1次应在霜冻来临前1个月前进行。旱作人工羊草草地，每亩干草产量200～300公斤，灌溉地达400公斤以上。

图42 羊 草

羊草叶量多、营养丰富、适口性好，各类家畜一年四季均喜食，有"牲口的细粮"之美称。牧民形容说："羊草有油性，用羊草喂牲口，就是不喂料也上膘。"羊草花期前粗蛋白质含量一般占干物质的11％以上，分蘖期高达18.53％，且矿物质、胡萝卜素含量丰富。每公斤干物质中含胡萝卜素49.5～85.87毫克。羊草调制成干草后，粗蛋白质含量仍能保持在10％左右，且气味芳香、适口性好、耐贮藏。

（五）苏丹草（图43）

适应性较强，一般耕地均可种植，忌连作。播种土地应进行秋翻或春翻，翻后耙耱平整。播种时每亩施氮、磷复合肥20～30公斤。4月下旬至5月上旬播种。苏丹草种子播前要进行晒种，以提高发芽率。刈割草地条播，行距30～45厘米，每亩播种量2公斤；采种地行距60厘米，每亩播种量1～1.5公斤。播种覆土厚度2～3厘米，播后镇压。调制干草和青贮用时，宜在抽穗初期1次收割。刈割留茬在6～10厘米，每次刈割后，都应灌溉和追施速效氮。为提高苏丹草的品质和产草量，可与一年生的豆科作物进行混播，种子均匀混合后同行条播。

图43　苏丹草

苏丹草是马、牛、羊等草食家畜的优质青饲料。产草量高，饲草质地优良，适口性好，营养价值较高。一般每亩产干草 600 公斤。在抽穗期，粗蛋白质含量为 7.04%，氨基酸含量比较丰富。

（六）燕麦（图 44）

多用作轮作倒茬，许多豆科作物都可作为良好前作。燕麦忌连作，播前要整地和施肥，每亩可施底肥 1 500～2 500 公斤。在蒙甘宁地区均为春播，通常每亩播量 10～15 公斤为宜。收籽粒播量可酌减。春燕麦可在 4 月上旬开始播种。单播行距 15～30 厘米，混播行距 30～50 厘米。播后镇压 1～2 次。追肥和灌水主要在分蘖和拔节期进行，第 1 次在分蘖期，以氮肥为主，每亩施硫酸铵或硝酸铵 7.5～10 公斤；第 2 次在孕穗期，每亩施硫酸铵或硝酸铵 5 公斤左右，并搭配少量的磷、钾肥。每年刈割 2 次，拔节期至开花期刈割，留茬 5～10 厘米，刈割后 30 天可刈割第 2 次。青饲料每亩产量 1 000～1 500 公斤。

图 44　燕　麦

各类家畜均喜食燕麦。燕麦是一种营养价值很高的饲料作物。燕麦籽实是马、牛的好精料；青刈燕麦的茎叶营养丰富柔嫩多汁，无论作青饲料、青贮料或调制成干草都比较适宜。

（七）饲用玉米（图 45）

饲用玉米播种要因地制宜。播种期受温度、湿度的影响。在蒙甘宁地区 4 月下旬至 5 月上旬播种。播种深度依土壤墒情为 2.5～10 厘米，以 5～6 厘米最适宜。饲用玉米要求密度大，应穴播，株行距 20～30 厘米左右。播种量一般青贮玉米田每亩 2.5～4 公斤，青刈玉米田 5～6 公斤。播前每亩施 1 000～1 500 公斤优质厩肥作为基肥，每亩施 4～5 公斤硫酸铵、15～20 公斤过磷酸钙、2～3 公斤氯化钾作种肥。在拔节期追施氮肥，每亩施氮素 20～30 公斤。专作青贮密植栽培时，乳熟期—蜡熟期每亩产鲜草 3 300～4 000 公斤；青刈栽培可产鲜草 1 300～4 000 公斤。

玉米产量高，适应性强，籽粒、茎叶营养丰富，是各种家畜的优质饲料。玉米整个植株都可以饲用，利用率达 85% 以上。玉米籽粒的粗蛋白质含量占干物质的 5%～10%，纤维素少，适口性好，各种家畜均喜食。玉米各个部分所含氨基酸成分不同，以籽粒最为丰富。玉米的微量元素也很丰富。青刈和青贮玉米，是奶牛必不可少的饲料。

图 45 玉 米

（八）饲用谷子（图46）

饲用谷子忌连作。播前要施足底肥，抽穗期追施氮、钾肥。正茬可春播，夏播。夏季复种，要于前作收获后及时抢种。播种方式有单播、混播、条播和撒播。饲用谷子要混播、撒播，与高粱、苏丹草、玉米混播时，需照顾到不同作物的播种深度，要按各自的播种量，先混合条播高粱、玉米等，再撒播谷子，最后耙耱镇压。混播饲用谷子，饲用谷子比例占70％～80％。若单播饲用谷子时，以条播为好，行距15～20厘米。饲用谷子播种量每亩4～5千克，覆土深1～2厘米。有条件的，在孕穗期要进行追肥和灌水一次。饲用谷子青饲适宜期为抽穗期到开花期，青刈饲用，要分段划片，用多少割多少，随用随割，保持新鲜，铡短饲喂，增强适口性，提高利用率。用于晒制青干草的，可延迟到盛花刈割。

饲用谷子是粮、草兼优的传统作物，一般每亩产干草900多公斤。饲用谷子茎叶是家畜优质粗饲料，特别适宜饲喂牛、马。可以青饲，青贮或晒制青干草，用于冬春补饲，还可加工草粉和各种草产品，便于贮存、运输和饲喂，提高适口性和利用率。脱粒后的秸秆，质地柔软、厚实，是适口性好、易消化的冬春补饲粗饲料。在谷类作物秸秆中，总消化养料仅次于燕麦秸秆，有重要的饲用价值。

图46　饲用谷子

二、豆科及其他科属牧草及饲料作物

（一）紫花苜蓿（图 47）

播前精细整地。选择抗旱、抗寒品种。每亩施有机肥 1 000～2 500
公斤，过磷酸钙 20～50 公斤为底肥，促进幼苗生长。每次刈割后要追
肥，每亩施过磷酸钙 10～20 公斤或磷酸氢二铵 4～6 公斤。播种前要晒
种 2～3 天。在从未种过苜蓿的土地播种时，要接种苜蓿根瘤菌，每公
斤种子用 5 克菌剂，制成菌液洒在种子上，充分搅拌，随拌随播；无菌
剂时，用老苜蓿地土壤与种子混合，比例最少为 1∶1。播量为每亩
0.75～1 公斤，干旱地、山坡地或高寒地区，播种量提高 20%～50%。
可春播、夏播，秋播不能迟于 8 月中旬。播种深度 1～2 厘米。常用播
种方法有条播、撒播；播种方式有单播、混播和保护播种。条播行距
30～40 厘米。苗期中耕除草 1～2 次。刈割留茬高度 3～5 厘米，干旱
和寒冷地区秋季最后一次刈割应在生长季结束前 20～30 天刈割。入冬
前、返青后进行灌溉。在蒙甘宁地区，年刈割 2～3 次，亩产干草 1 000
公斤左右。

图 47　紫花苜蓿

紫花苜蓿为各种牲畜喜食的牧草。开花初期可刈割调制干草。播种后 2～4 年内产量高，不宜作为放牧利用，以青刈或调制干草为宜，5 年后，可作为放牧地。建立大面积人工放牧场，最好采用禾草与紫花苜蓿混播较为适宜。其现蕾期粗蛋白质含量 22%，粗纤维含量 24%。

（二）黄花苜蓿（图 48）

黄花苜蓿的栽培技术与紫花苜蓿相同。播后当年生长比紫花苜蓿慢。刈割或放牧后再生缓慢，种子产量低。

黄花苜蓿草质好，可供放牧或刈割干草，各种家畜，如羊、牛、马喜食。它能增加产奶量，有促进幼畜发育的功效，且有催肥作用。制成的干草也为家畜所喜食。利用时间较长，产量也较高，每亩产鲜草 500～600 公斤。黄花苜蓿具有优良的营养价值，纤维素含量低于紫花苜蓿，粗蛋白质含量和紫花苜蓿不相上下。

图 48　黄花苜蓿

（三）沙打旺（图 49）

沙打旺的硬实种子多，播种前要进行种子处理。从早春到初秋均可播种，但不能迟于初秋，否则难以越冬。宜条播，行距 30～40 厘米，种子田 50～60 厘米。一般覆土 1～2 厘米，播后要及时镇压。收草用时播种量为每亩 0.25～0.5 公斤，收种时播种量为每亩 0.1～0.15 公斤。播种前每亩施过磷酸钙 10～30 公斤，可显著提高鲜草产量。苗期应及时除草和灌溉。北方地区收草用一年可刈割 1～2 次，最后一次刈割在霜冻前 30～40 天，留茬 8～10 厘米。调制青干草在现蕾期至开花初期刈割，用作青贮的牧草在开花至结荚期刈割。

一般每亩产鲜草 2 000～6 000 公斤。嫩茎叶可打浆喂猪，在沙打旺草地上可放牧绵羊、山羊，也可晒制干草。可与粮食作物轮作或在林果行间及坡地上种植。花期粗蛋白质含量为 17%，粗纤维含量 22%。

图 49　沙打旺

（四）草木樨（图 50）

草木樨的栽培技术与紫花苜蓿、沙打旺相似。种子硬实较多，播种前用机械脱皮或擦破种皮。可春播或夏播，亦可秋播。冬季寄籽播种较好，既可省去硬实处理，翌年春季出土后，苗全苗齐，与杂草的竞争力强，可保证当年的稳产高产。播种深度 1.5～2 厘米，可条播、撒播和穴播。条播每亩播种量 1～1.5 公斤，留种田 0.5～1.0 公斤。以条播为主，收草田行距 15～30 厘米，采种田行距 30～60 厘米。播深 2～3 厘米。草木樨调制干草宜在现蕾期刈割，留茬高度 10～15 厘米。早春播种当年每亩可产鲜草 1 000～2 000 公斤，第 2 年 2 000～3 000 公斤，高者可达 4 000～5 000 公斤。采种在生长第 2 年进行。

可青饲、青贮，又可晒制干草，制成草粉。开花前，茎叶幼嫩柔软，马、牛、羊、兔均喜食，切碎打浆喂猪效果也很好。开花后，适口性降低，但经过加工，调制成干草或青贮，可调高适口性。

图 50　草木樨

（五）红豆草（图 51）

红豆草种子带荚播种，不会影响发芽。北方以春播为宜。收草田每亩播种量 3～6 公斤，种子田 2～2.5 公斤。条播，收草田的行距 20～30 厘米，种子田 50～70 厘米。适宜在孕蕾期刈割，1 年可刈割 2 次，每亩可产干草 800～1 000 公斤。每次刈割后结合田间松土，每亩追肥磷酸氢二铵 7.5～10 公斤，灌溉地可结合灌水进行施肥。

红豆草可青饲、青贮、放牧、晒制青干草、加工草粉等。青草和干草的适口性均好，营养丰富，粗蛋白质含量为 15%，各类畜禽都喜食。其优点是不会引起反刍家畜臌胀病。

图 51　红豆草

（六）山野豌豆（图 52）

在北方以雨季播种为宜。种子硬实率一般在 50%～70%，需要进行硬实处理。条播行距 60 厘米，播种量每亩 3.5～5 公斤，播深 3～4

图 52　山野豌豆

厘米。由于山野豌豆苗期生长慢，可与一年生燕麦等间作，也可和老芒麦、无芒雀麦、披碱草、扁穗冰草等多年生禾草混播。在北方1年可刈割2次，留茬高度3厘米左右，以现蕾期和花期刈割最好。山野豌豆播后当年生长缓慢，生长第1、2年内不宜放牧，在其后的年份中，可于盛花期进行轮牧。山野豌豆的产量第1、2年较低，第3、4年最高，每亩产鲜草达1 000公斤。

山野豌豆用作青饲、放牧或调制干草均可，特别耐践踏，是优良的放牧型豆科牧草。柔嫩时牛喜食，马多秋冬采食，骆驼一年四季都采食。山野豌豆在开花结实后直至深秋时能保持绿色，各类家畜采食仍很好。粗蛋白质含量与紫花苜蓿相差无几，但粗纤维低。

（七）箭筈豌豆（图53）

北方只能夏播，较暖的地方可春播。单播收草地，牧区为5月上旬播种，混播不得迟于5月中旬。单播每亩用种2.8～6公斤，与燕麦混播每亩用种2.5～3公斤，燕麦9～10公斤。每亩施有机肥1 500～2 000公斤、过磷酸钙20～30公斤为底肥，施磷酸氢二铵等复合肥为种肥，促进幼苗生长。苗期要注意除草。如用于调制干草，在盛花期和结荚初期刈割；如草料兼收，可采用夏播一次收割；如利用再生草，应注意留茬高度，在盛花期刈割时留茬5～6厘米，在结荚期刈割时留茬13厘米左右。刈割后要等到侧芽长出后再灌水，否则水分从茬口进入茎中，会使植株死亡。箭筈豌豆在生长过程中对土壤中磷消耗较多，收草后的茬

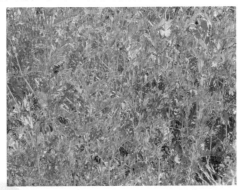

图53　箭筈豌豆

地应增施磷肥。一般每亩产鲜草2 000～2 500公斤，高者可达4 000公斤。

箭筈豌豆茎秆可作青饲料、调制干草，也可用作放牧。籽实中粗蛋白质含量高，但含有有毒物质氢氰酸，不应在青荚期饲用，并注意不要连续大量饲喂，均可防止家畜中毒。

（八）毛苕子（图54）

可春播，夏播。一般收草用的每亩播种量3～4公斤，收种用的为2～2.5公斤，与禾本科牧草混播比例为1∶1至1∶2。撒播或条播，条播行距为20～30厘米，播种深度2～3厘米。种子播前应进行硬实处理。播前每亩施有机肥1 500～2 500公斤，并每亩施过磷酸钙25～50公斤或磷酸氢二铵10～15公斤为底肥。调制干草宜在盛花期刈割。毛苕子的再生性差，可齐地1次刈割。刈割越迟再生能力越弱，若利用再生草，必须及时刈割并留茬10厘米左右。毛苕子一般每亩产鲜草1 000～1 500公斤。

图54　毛苕子

毛苕子可用作青饲、放牧和刈制干草。可在营养期进行短期放牧，再生草用来调制干草或收种子。通常放牧和刈割交替利用，或在开花前先行放牧，后任其生长，以利刈割或留种；或于开花前刈割而用再生草放牧，亦可第 2 次割草。毛苕子含有一定量的氢氰酸，在饲喂时注意避免单一化和饲喂量过多。

（九）柠条锦鸡儿（图 55）

一般在 6～7 月份雨季抢墒播种。播种量每亩 0.25～0.5 公斤，覆土深度以 3 厘米左右为宜，条播行距 1.5～2 米。幼苗阶段生长缓慢，播后最少应围封 3 年，严禁放牧，以利幼苗生长。植株表现衰老、生长缓慢、有枯枝现象或病虫害严重时，应及时进行平茬。平茬的方法，于立冬至第 2 年春天解冻前，把地上的枝条全部用锋利的刀具割掉。有条件的，可用灌木平茬机进行平茬。

柠条锦鸡儿枝叶繁茂，产草量高，营养丰富，适口性强。绵羊、山羊及骆驼均采食其幼嫩枝叶，马、牛采食较少。含有较高的蛋白质和氨基酸。柠条锦鸡儿草场 1 年 4 季都可放牧利用，也可粉碎加工成草粉，作为冬季及早春补充饲料。柠条锦鸡儿的荚果及种子也是很好的精饲料，其种子中含粗蛋白质 27％，淀粉 31％，将种子加工处理后喂羊，对羊的催肥作用不亚于大豆。

图 55　柠条锦鸡儿

（十）羊柴（图56）

在流沙地上种植，可用植苗和播种；在干旱区、半干旱区宜植苗。植苗以春季为主，在雨水较多的半干旱沙区，也可在雨季栽植。栽植多用1～2年生苗，株行距1米×2米至2米×2米。直播时，先防鼠类危害。每年4～8月在透雨前后抓紧播种效果最好。播种深度3～5厘米，有防护时可采用穴播，穴距2～3米，每穴4～8粒种子。无防护而风蚀较强，采用块状条播，每块1米×1米，块内播种3～5行。

羊柴枝叶繁茂，营养价值高，适口性好。花期刈制的干草，各类家畜均喜食。粗蛋白质含量高，粗纤维较少。每亩产干草150～250公斤。除饲用外，羊柴也是治沙的优良植物。

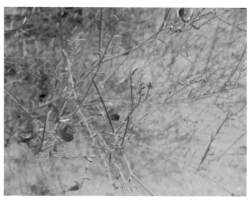

图56　羊　柴

（十一）饲用甜菜（图57）

在西北地区，一般3月底至4月上旬播种。条播或穴播，种子千粒重20～25克，每亩用种量（干燥种子）1～1.5公斤。种植密度，肥田宜稀，瘦田宜密。在密度相同的情况下，以每亩6 000株的密度增产效果较显著。收获一般在10月中下旬，饲用的可运至饲养场进行简易贮藏。留种用母根，应选择1～1.5公斤、根冠完好的母根进行窖藏。放置时一层块根撒一层湿土或沙土，温度保持在3～5℃左右。栽培时施足底肥，间苗、定苗、追肥、灌溉等田间管理措施要跟上。

图 57　饲用甜菜

　　饲用甜菜为秋、冬、春三季很有价值的多汁饲料，含有较高的糖分、矿物盐类以及维生素等营养成分，粗纤维含量低，易消化，是猪、鸡、奶牛的优良多汁饲料。在一般栽培条件下，根叶产量每亩5 000～7 500公斤；在水肥充足的情况下，根叶产量每亩达12 000～20 000公斤。饲用甜菜可以切碎生喂或熟喂，也可打浆生喂，叶可青饲和青贮。

（十二）驼绒藜（图58）

　　驼绒藜对土壤要求不严，一般土壤均能生长，在湿度适中的偏碱性

图 58　驼绒藜

土壤上生长较好。在荒漠草原区直播很难成功，以育苗移栽方法为宜。选择水肥充足的土壤，进行早春播种，待培育出幼苗，翌年春暖后移入大田栽培。若在干旱区直播，需抢墒播种。通常先将种子与湿沙混合拌匀播种，覆土不宜过厚，以免影响出苗。可春播、夏播。种植驼绒藜可采用条播、穴播和撒播。驼绒藜籽小而轻，覆土不宜过厚，覆土厚度1～2厘米为宜。播种量每亩0.25～0.5公斤，行距30～35厘米。驼绒藜为灌木植物，刈割后再生性差，故1年只刈割1次。调制干草于孕蕾期刈割。

骆驼与山羊、绵羊四季喜食，秋冬最喜食，马四季喜食，牛的适口性较差。驼绒藜营养丰富，含有较高的粗蛋白质，孕蕾期粗蛋白质含量达77%。驼绒藜的枝叶繁茂，干草产量每亩达400～500公斤。

（十三）木地肤（图59）

在临冬或早春抢墒播种。雨季播种常因雨后土壤板结造成出苗困难。播种深度以1厘米为宜。冬前或冬季也可寄籽播种，不覆土；春季

图59 木地肤

可覆土播种。可条播也可撒播，条播行距20～50厘米，撒播时可将种子均匀撒在土表，稍加镇压即可。调制干草时，于开花期刈割。一般鲜草产量可达250～500公斤。

木地肤的粗蛋白质含量较高，在放牧场上能被早期利用。开花前刈割的干草，各种家畜喜食。叶量丰富，叶中粗蛋白质含量远较茎秆的多，饲用品质良好。木地肤利用时间长，产草量高，是干旱地区的优良饲用植物。春播的木地肤，当年秋季即可供利用，可刈割少量干草，刈割留茬高度以3～10厘米为宜。第2年秋季刈割调制干草，3年后可用于春、秋、冬季放牧。

第二节 人工草地建植技术

一、人工草地类型

（一）放牧型人工草地

放牧型人工草地利用年限为 7 年或更长，宜选用下繁禾草、根茎型草为主进行建植。在建植中上繁草种子占25%～30%，下繁草种子占 70%～75%。豆科牧草占 20%～25%，禾本科牧草占75%～80%（根茎型和根茎疏丛型占 10%～25%，疏丛型占75%～90%）。根茎型的上繁草可选择羊草、无芒雀麦，下繁禾草可选择草地早熟禾（根茎型）、紫羊茅（根茎—疏丛型）、冰草（疏丛型）等。上繁豆科牧草可选择紫花苜蓿、红豆草、蒙古岩黄芪等，下繁豆科牧草可选白三叶等。

放牧型人工草地株丛低矮，耐践踏，耐牧性强。但在建植中要注意选择适宜当地土地条件、气候条件和利用家畜的草种，并注意牧草间营养成分的合理搭配。

（二）割草型人工草地

割草型人工草地利用年限为 4～7 年。建植中草种类型搭配应以上繁的豆科和禾本科牧草混播为主，轴根型和须根型相结合；寿命选择以中长寿命结合，如上繁疏丛禾草和主根型的豆科牧草。为在草地建植前 2 年得到稳定牧草产量，还应包括一定比例的少年生牧草和根茎型的上繁草，一般各类型牧草所占比例为上繁禾草占90%～100%，下繁禾草占0～10%。中等寿命的上繁疏丛禾草可选择老芒麦、披碱草等，主根型的豆科牧草可选择紫花苜蓿，红豆草、沙打旺等，少年生牧草可选择披碱草等，根茎型的上繁草可选择羊草、无芒雀麦等。

割草型人工草地株丛较高，再生性强，适宜刈割利用，豆科与禾本科牧草营养成分可以做到互补。但在播种方式上要注意结合禾本科、豆科牧草的种子特点，相互兼顾，提高播种质量，确保苗齐，苗全。割草时要兼顾禾本科与豆科草的生育期，合理把握割草时间。

（三）兼用型人工草地

兼用型人工草地利用年限一般为4～7年，建植时适宜以豆科和禾本科牧草混播为主，兼顾上、下繁草结合、轴根型和须根型相结合。在牧草选择中要包括易于中期和早期利用的牧草，同时还应有长寿命型牧草，包括上繁豆科、下繁豆科、上繁疏丛禾草、上繁根茎禾草以及下繁禾草5种类型的牧草。上繁草种子占50%～70%，下繁草种子占30%～50%。豆科牧草和禾本科牧草所占比例同放牧用草场。

兼用型人工草地牧草株丛较高，再生性较好，耐践踏，宜刈割制作青干草也可以放牧利用。该类草地植物组成类型不同，利用时要把握适宜的割草或放牧时间和频率。在极端干旱和炎热时期，要减轻草场放牧强度，以免影响牧草生长和使用寿命。

（四）草田轮作

草田轮作是根据各类牧草、饲料作物和农作物的特性，将计划种植的牧草、饲料作物和农作物按顺序在同一块地上轮换种植。主要模式为（图60）：①草—草轮作，用多年生豆科牧草（以苜蓿为例）与一年生禾草或青贮玉米进行轮作，苜蓿一般利用5年，耕翻后栽培一年生禾草或青贮玉米1年，共6年。②草—粮—草轮作，用多年生豆科牧草（以苜蓿为例）与粮食作物或一年生禾草或青贮玉米轮作，苜蓿一般利用5～6年，耕翻后种植粮食作物1年，再种植一年生禾草或青贮玉米1年，共6～7年。③草（以苜蓿为例）—经济作物—粮食作物—草轮作，苜蓿一般利用5～6年，耕翻后种植经济作物1年，种植粮食作物1年，种植一年生牧草1年。

草田轮作有利于改良土壤，改善土壤结构，充分利用土壤养分，还可以促进种植业结构调整和调解饲草组成。但轮作周期较长，要做好长期规划，否则难坚持实施。参与轮作的豆科牧草除苜蓿外还可以选用别的多年生豆科作物，禾本科作物前后次序要根据作物的需肥特点而定。

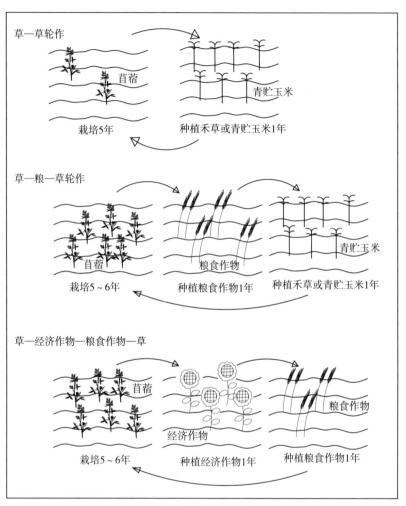

图 60　草田轮作

二、人工草地建植技术

(一) 土壤耕作技术

1. 技术描述:

(1) 土壤基本耕作技术 (图61):耕作地块应选择地势平坦,坡度小于10°,土层厚度30厘米以上,不易引起风蚀沙化的地块,附近有较丰富的水源,距居民点、畜圈均较近。用无壁犁或有壁犁,结合施肥翻耕,春、夏、秋3季均可,最好在雨季初期进行。翻耕要保持土层顺序,熟土在上,生土在下。翻耕深度按土层厚度和土壤墒情确定,土层较厚、黏质土、盐碱土、墒情较好的一般为20~25厘米,土层较薄、沙质土、墒情较差的一般为10~20厘米。

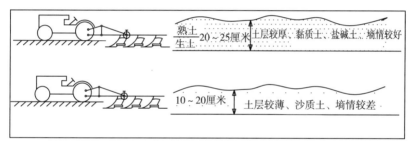

图 61　土壤基本耕作技术

(2) 表土耕作技术 (图62):

灭茬:用机引圆盘耙浅耕,深5~10厘米。此项技术适用于一年生饲料作物收获后的地块。

耙地:用圆盘耙、钉齿耙等农机耙5厘米。可选择顺耙、横耙和对角耙。此技术适用于翻耕后土地平整和土肥混合等。

耱地:用木板或树枝等,由畜引或机引作业,耱深3厘米左右。此技术适用于犁地或耙地后对土地的平整和耱实。

镇压:用石磙等镇压器,在播种前后对地块镇压,深度3~4厘米。此技术适用于压紧耕层、压碎土块、平整地面。

中耕:用人工锄地、畜力中耕机或机引中耕机,深度4.5~10厘米。此技术适用于草场中杂草铲除和表层土壤疏松。

2. 优点: 此项技术可有效改善田间土壤水、肥、气、热等物理状况, 消灭病、虫、草害, 利于蓄水保墒。

3. 注意事项: 土壤基本耕作结合施肥作业为宜。

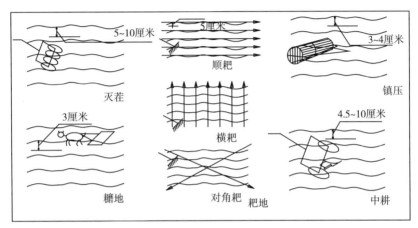

图 62　表土耕作技术

(二) 种子质量识别技术

1. 识别方法 (生活力识别):

(1) 形态识别 (图 63): 肉眼观察种子色泽、籽粒饱满程度、均匀度、残缺、霉变等; 用鼻子闻有无异味; 用手感测含水量是否过大。

(2) 种子纯净度测定: 将样品称重后, 在干净工作台或白纸上, 用镊子或刮板将净种子、废种子、异种子和杂质分开 (图 64)。检验 2 次取平均值:

种子纯净度 (%) = (式样重量－杂质重) /式样重量×100%

(3) 种子发芽率测定: 取净种子混均, 小粒种子 100 粒为 1 个重复, 大粒种子 50 粒为 1 个重复, 放入发芽器皿 (放点水), 用发芽箱进行发芽试验 (图 64), 每天检查发芽情况并添加清水保持发芽器皿湿润。温度控制在 20～30℃ 之间, 发芽时间为 7～15 天, 记录首次发芽及末次发芽数量, 4 次重复取平均值:

种子发芽率 (%) =种子发芽粒数/供试种子粒数×100%

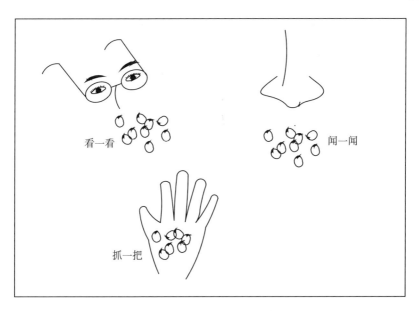

图 63 种子质量形态鉴定技术

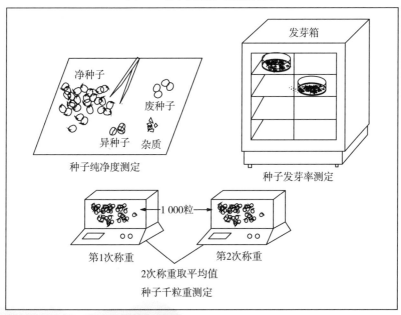

图 64 种子质量实验室鉴定技术

（4）种子千粒重测定：从净种子中随机取 1 000 粒种子称重（如种子粒较大，则取 500 粒×2），重复 2 次取平均值（图 64）。

2. 优点：此技术可以准确地反映种子的真实性、利用价值、整齐度等指标，保证播种后田间苗齐、苗全、苗壮。

3. 缺点：有些异种子、变质种子不好识别，会影响检测结果。

4. 注意事项：播前要仔细查看种子袋标签内容，非种子田生产的种子最好进行田间检验，通过观察田间出苗、生长发育判别种子的真实性。

（三）硬实种子处理技术

1. 技术描述：

（1）擦破种皮（图 65）：种子量少时可将种子与沙石混合揉搓擦破种皮，种子数量大可用石碾碾压，也可用硬实擦伤机、碾米机等擦伤种皮。

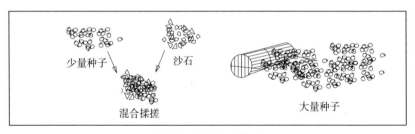

图 65　擦破种皮技术

（2）温水浸种（图 66）：用温水（水温以不烫手为宜，一般在 35℃）浸种 12～16 小时，水温达到 50～60℃时需缩短浸种时间，浸泡不超过 1 小时。

2. 优点：此技术可提高豆科牧草种子出苗率，保证播种质量。

3. 缺点：擦破种皮和浸种的程度控制和把握不好，影响硬实破除的效果。

4. 注意事项：用机械方法擦破种皮时要注意不要压碎种子；在无灌溉的旱作草场上不宜采用浸种方法；另外大面积播种时，一般将处理过的种子与少量硬实种子混合在一起播种，有利于对不良的环境及时作出反应。

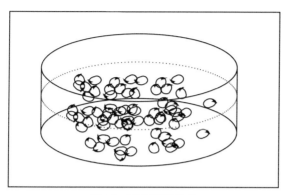

图 66　温水浸种技术

（四）豆科种子根瘤菌接种技术

1. 技术描述：

（1）根瘤菌剂拌种（图 67）：用根瘤菌剂按使用说明书在播种前配置成菌液，均匀喷洒到种子上，充分搅拌后即可播种。

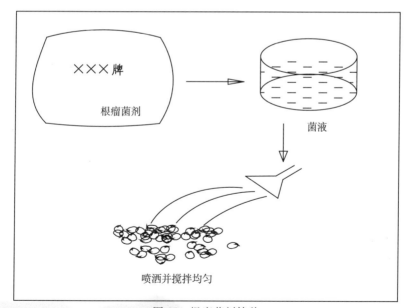

图 67　根瘤菌剂拌种

（2）干瘤接种（图68）：在盛花期，选健壮植株，去茎叶，将根挖出，洗净，挂放在避风、凉爽、阴暗、干燥处荫干。播种时，用干根瘤3～5株/亩，并碾成细粉与种子拌后播种。或加入干根瘤细粉重量1.5～3倍的清水，在20～30℃的条件下不断地搅拌，促使繁殖，经10～15天后，与种子拌匀播种。

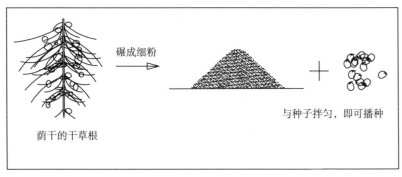

碾成细粉

与种子拌匀，即可播种

荫干的干草根

图68　干瘤接种

（3）鲜瘤接种（图69）：用250克左右的菜园土，加入1杯草木灰，拌和后盛入大碗，盖好蒸半小时至1小时以消毒，冷却后，将选好的根瘤30个或干根瘤30株磨碎，用少量冷开水或冷米汤拌成菌液与蒸过的土壤拌匀，在20～25℃的条件下培养3～5天，每天略加冷水翻拌，就可制成菌剂，每公顷种子需用菌剂750克左右。

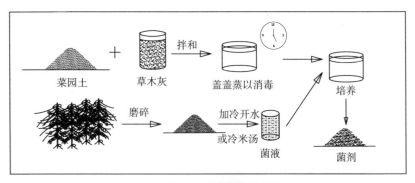

菜园土　　草木灰　　拌和　　盖盖蒸以消毒　　培养

磨碎　　加冷开水
或冷米汤　　菌液　　菌剂

图69　鲜瘤接种

2. 优点：此技术可以促进豆科植物根瘤形成，提高牧草对空气中氮的吸收，有利于牧草生长、产量提高和品质改善。

3. 缺点：干根瘤和鲜瘤接种技术环节难掌握，需要经过专门技术培训方可成功操作。

4. 注意事项：分清能互接根瘤菌的草种，在根瘤菌的 8 个互接种族中同一类的豆科植物可以相互接种，反之不能接种；避免日光照射和高温；接种根瘤菌的种子不能用农药处理；接种根瘤菌的种子适宜种植在土壤湿度适中，通气良好的地块；接种根瘤菌的种子避免与化肥接触。

根瘤菌互接种族和可接种的牧草见表 3。

表 3　根瘤菌互接种族和可接种的牧草

互接种族	可接种的牧草
苜蓿族	苜蓿属、草木樨属、葫芦巴属
三叶草族	三叶草属
豌豆族	豌豆属、野豌豆属、山黧豆属、兵豆属
菜豆族	菜豆属的一部分
羽扇豆族	羽扇豆、鸟足豆属
大豆族	大豆各品种
豇豆族	豆科植物 3 科中的许多属、菜豆属的一部分
其他	包括一些上述个则均不适合的小族，各自包括一、二种植物，如百脉根属、槐属、田菁属、红豆草属、鹰嘴豆属、紫穗槐属

（五）禾本科种子去芒技术

1. 技术描述：用去芒机或镇压器碾压，也可在碾盘上碾压后将芒过筛或簸、煽出即可（图 70）。

2. 优点：具芒种子去芒后易流动下落，保证均匀播种。

3. 缺点：镇压器和碾压去芒费工费时，程度不便掌握，难达理想效果。

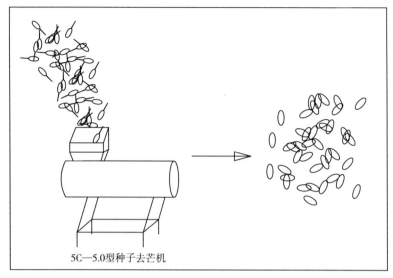

5C—5.0型种子去芒机

图70 禾本科种子去芒技术

4. 注意事项：碾压时厚度掌握在5~7厘米为宜，以免压碎种子。

（六）种子包衣技术

1. 技术描述：

（1）包衣机包衣（图71）：种子包衣材料由黏合剂、干燥剂、肥料、根瘤菌剂、灭菌剂、灭虫剂等有效剂组成。用包衣机包衣时，将配置好的黏合剂倒入根瘤菌剂中均匀混合后（禾本科牧草种子不做此处理），将混合液边喷边滚动搅拌种子，使种子均匀涂上混合液，再喷干燥剂和有效剂，均匀混合即可。

（2）人工包衣方法（图71）：将种子放在塑料袋子或大锅等圆底容器内，加入适当比例的种衣剂，搅拌均匀即可。

2. 优点：能增加种子重量，提高播种时的流动性；同时因包衣使种子丸衣化，为播后在土壤中萌发建立了一个微环境，提高了播种质量，促进种子萌发。

3. 缺点：包衣剂配置技术环节不易掌握，需要在专业技术人员指导下进行。

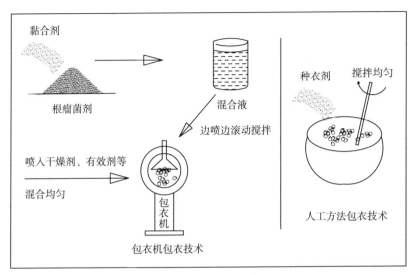

图 71　种子包衣技术

4. 注意事项：包衣配方见表 4；包衣种子应尽快播种，不宜放置过久；包衣过程中，操作人员皮肤避免与有效剂直接接触。

表 4　豆科牧草种子根瘤菌接种包衣配方（公斤）

接种方法	种子用量	菌剂用量	钙镁磷肥	羧甲基纤维素钠	水	钼酸铵
手工	1 000	100	300	4.0~6.4	100~160	3
机械	1 000	100	300	3.0	150	3

注：手工包衣时使用的羧甲基纤维素钠溶液的浓度为 4%，机械包衣时使用的羧甲基纤维素钠溶液的浓度为 2%。

（七）播种期选择技术

1. 技术描述（表 5）：

（1）春播：土壤温度达 5℃以上时播种，一般为 4 月中旬至 5 月末。一年生牧草适宜春播。在有灌溉条件、地块平整、墒情较好、无春季风蚀的地区，多年生牧草也能春播。

（2）夏播：在蒙甘宁春季干旱、风蚀较严重的地区，种植多年生牧草宜选择夏播，时间一般在6~7月。

（3）秋播：在蒙甘宁地区，多年生牧草均可秋播，一般在早霜来临前2个月左右播种，以保证安全越冬。

表5　播种期选择技术

播种期	春播	夏播	秋播
时间要求	4月中旬至5月末，气温5℃以上	6~7月	冬季前2个月
牧草种类	一年生牧草/多年生牧草	多年生牧草	多年生牧草
要求	土地平整、土壤墒情较好、无春季风蚀地块可播种多年生牧草	蒙甘宁地区干旱、风蚀较为严重地区	蒙甘宁地区

2. 优点：选择适宜播种时间，充分利用水分和温度，保证牧草播后出苗和保苗，减轻苗期杂草危害，利于草场成功建植。

3. 缺点：春播和秋播时间应随降雨时间确定，比较难选择。

4. 注意事项：牧草、饲料作物种子萌发所需温度如表6所示。

表6　牧草、饲料作物种子萌发时所需温度

序号	品种	最低温度（℃）	适宜温度（℃）	最高温度（℃）
1	老芒麦		15~25	
2	披碱草		8~12	
3	无芒雀麦	5~6	25~30	35~37
4	蒙古冰草		3~4	
5	羊草	−4~2	20~25	
6	饲用玉米	4.8~10.5	37~44	44~50
7	苏丹草	8~12	20~30	
8	燕麦	0~4.7	25~31	31~37
9	饲用谷子	6~7	15~25	
10	紫花苜蓿	0~4.8	31~37	37~44
11	黄花苜蓿		31~37	
12	沙打旺		15~20	
13	草木樨		5~10	

（续）

序号	品种	最低温度（℃）	适宜温度（℃）	最高温度（℃）
14	箭筈豌豆	2～4	20～25	32～35
15	毛苕子	3～5	20～25	
16	红豆草	2～4	20～25	32～35
17	山野豌豆		20～25	
18	柠条锦鸡儿		20～25	
19	饲用甜菜		15～25	
20	驼绒藜		25	
21	木地肤		25	

（八）播种量确定技术

1. 技术描述：实际播种量计算方法为：实际播种量＝理论播种量/种子用价；种子用价（％）＝种子纯净度（％）×种子发芽率（％）

2. 优点：播种量适宜，可做到合理密植，保证草场产草量稳定。

3. 缺点：种子用价的测定需要一定的设备，需要提前测算，播种现场无法完成。

4. 注意事项：播种量的确定与牧草种类、种粒大小、种子品质、土壤肥力、播种方法、播种季节、播种气候、利用目的等因素有关。一般大粒种子多播，小粒种子少播。割草用多播，采种用少播。种子品质好少播，种子品质差多播。土壤墒情好少播，土壤墒情差多播。主要牧草播种量如表7所示。

表7　主要牧草的一般播种量

序号	品种	播种量（公斤/亩）
1	老芒麦	1.0～2.0
2	披碱草	1.0～2.0
3	无芒雀麦	1.5～2.0
4	蒙古冰草	1.0～1.5

（续）

序号	品种	播种量（公斤/亩）
5	羊草	2.5～4.0
6	饲用玉米	2.5～4.0
7	苏丹草	1.0～1.5
8	燕麦	10.0～15.0
9	饲用谷子	4.0～5.0
10	紫花苜蓿	0.75～1.0
11	黄花苜蓿	0.75～1.0
12	沙打旺	0.25～0.5
13	草木樨	1.0～1.5
14	箭筈豌豆	2.8～6.0
15	毛苕子	3.0～4.0
16	红豆草	3.0～6.0
17	山野豌豆	3.5～5
18	柠条锦鸡儿	0.25～0.5
19	饲用甜菜	1.0～1.5
20	驼绒藜	0.25～0.5
21	木地肤	0.25～0.5

（九）播种深度确定

1. 技术描述： 细小种子播深一般为 1～2 厘米；大粒种子播深一般为 3～4 厘米。沙性土地块播深些，黏性土地块播浅些；土壤比较干燥的地块播深些，潮湿地块播浅些。

2. 优点： 选择适宜的播种深度，可以保证出苗率，从而保证草场建植质量。

3. 缺点： 根据种子大小和土壤墒情选择播深的难度较大。

4. 注意事项： 主要牧草的播种深度、覆土厚度如表 8 所示。

表 8　主要牧草的一般播种深度、覆土厚度

序号	品种	播种深度（厘米）	覆土厚度（厘米）
1	老芒麦	3～4	2～3
2	披碱草	3～4	2～3
3	无芒雀麦	3～4	2～3
4	蒙古冰草	3～4	2～3
5	羊草	3～4	2～4
6	饲用玉米	5～6	4～5
7	苏丹草	3～4	2～3
8	燕麦	3～4	3～4
9	饲用谷子	1～2	3～4
10	紫花苜蓿	2～3	1～2 或 3～4
11	黄花苜蓿	2～3	1～2 或 3～4
12	沙打旺	1～2	1～2 或 3～4
13	草木樨	2～3	1～2 或 3～4
14	箭筈豌豆	3～4	3～4 或 4～5
15	毛苕子	3～4	3～4
16	红豆草	3～4	3～4
17	山野豌豆	3～4	3～4
18	柠条锦鸡儿	3	3
19	饲用甜菜	2～4	2～3
20	驼绒藜	1～2	1～2
21	木地肤	1～2	1～2

（十）单播技术

1. 技术描述：

（1）条播：用机械、畜力播种机或人工开沟播种。豆科牧草用作割草的行距 10～20 厘米，采种的行距 60～80 厘米（图 72）。禾草用作打草的行距 10～12 厘米，采种的行距 15 厘米。干旱地区适当加宽行距，水肥条件好的地块行距可略窄。

（2）撒播：将整好的地块用镇压器压实，人工或撒播机均匀撒上种子后轻耙覆土（图 72）。面积大、地形起伏不平或偏远地区可采用飞机撒

播。撒播时可根据种子大小、轻重，掺入一些颗粒肥料、沙子、炒熟的糜、谷粒等，做到均匀播种。

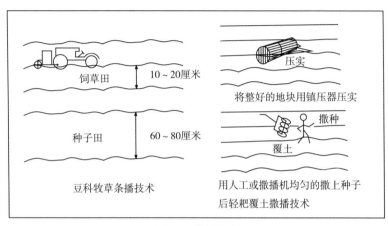

饲草田　　10~20厘米

种子田　　60~80厘米

豆科牧草条播技术

压实

将整好的地块用镇压器压实

撒种

覆土

用人工或撒播机均匀的撒上种子
后轻耙覆土撒播技术

图72　单播技术

2. 优点：降水较充足、土壤肥力好的地区采用撒播，可充分利用土壤养分和空间。条播种子分布较均匀，便于中耕作业，田间管理较方便。

3. 缺点：撒播时种子分布不均，覆土不均会影响出苗和幼苗生长。条播产量低，品质较差，地力恢复慢。

4. 注意事项：不论是条播还是撒播，机播还是人工播种，一定要注意均匀播种，合理覆土，特别是机械播种，要调好下种口的速度，做到精确播种，合理密植，不浪费种子。

（十一）混播技术

1. 技术描述：

（1）混播牧草种的数量：混播一般以4~6种组成为好。而在同一种中包括早熟及晚熟的品种，以延长草地的利用时期。目前2~3年的利用草地多采用2~3种牧草，4~6年的草地多采用3~5种，而长期利用的草地混播种不超过6种牧草。

（2）混播品种的确定：①刈草用混播草地，利用年限4~7年，这种草地以中寿上繁疏丛禾草和轴根型豆科牧草为主，还包括少量短寿牧草和根茎型上繁禾草。②刈牧兼用草地，为满足刈草和放牧两方面需要，除采用中寿和短寿牧草外，还需包括长寿的放牧型牧草，因此，这种混播草地应包括上繁豆科、下繁豆科、上繁疏丛、上繁根茎禾草以及下繁禾草 5 个生物学类群。③放牧用混播草地，利用年限 7 年或更长，牧草类群应包括上繁豆科、下繁豆科，上繁疏丛根茎及下繁禾草，其中下繁草应占较大比重。

（3）混播比例的确定：混播牧草比例如表 9、表 10 所示。混播牧草播量计算公式：

$$K=\frac{hT}{X}$$

式中：K：各个混播草种的播种量；

h：100% 种用价的单播量；

T：该种牧草在混播时的比例（%）；

X：该种牧草种子的实际用价。

表 9　不同利用年限混播牧草成员组合比例（%）

利用年限	豆科牧草	禾本科牧草	在禾本科牧草中	
			根茎型/根茎疏丛型	疏丛型
短期草地（2～3 年）	65～75	25～32	0	100
中期草地（4～7 年）	20～25	75～80	10～25	75～90
长期草地（8～10 年以上）	8～10	90～92	50～75	25～50

表 10　不同利用方式的混播牧草成员组合比例（%）

利用方式	上繁草种子	下繁草种子
刈草	90～100	0～10
放牧	25～30	70～75
刈牧兼用	50～70	30～50

（4）混播方法：①同行条播：几种牧草同播在一行内，行距 7.5～15 厘米。②间行条播：同种牧草播在同行内，如禾本科和豆科牧草应间行播。③撒播：将牧草种子均匀混合，用人工或机械均匀撒于地表后轻耙覆土。

2. 优点：多种牧草混播可使牧草间互补，提高草场产量和品质，延长草场利用年限，便于贮存和调制干草，还可改善土壤结构，提高土壤肥力。

3. 缺点：混播草种大小、轻重不一致，播深也不统一，方法难把握，会影响播种质量。

（十二）保护播种技术

1. 技术描述：保护作物应选择燕麦、大麦、小麦等叶片稀疏、不易倒伏、生长速度快的作物（图73）。保护作物播种时间可与多年生牧草同时播种也可提前10～15天播。保护作物的播种量为单播播种量的50%或75%，多年生牧草播种量正常。播种方法可同行条播、交叉播种或间行条播。

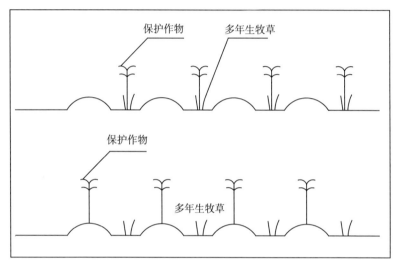

图73　保护播种技术

2. 优点：此技术利用一年生作物生长快的特点，防止草场水土流失，抑制杂草生长，有利于苗期生长缓慢的多年生牧草抓苗、保苗。同时还能弥补多年生草场播种当年收益少的缺陷。

3. 缺点：保护作物在生长后期与牧草争光、争水、争肥，对牧草生长产生一定的影响。

4. 注意事项：要及时收获保护作物，在生长季结束前1个月要收获完毕，以减少保护作物对牧草生长的抑制。

（十三）华北干旱区旱地苜蓿沟播保墒保苗播种技术

1. 技术描述：苜蓿因种子小，顶土能力差，播种深度要浅，一般

1～2厘米。但在华北干旱地区，失墒较快，保墒困难，尤其春季，苜蓿播种后很容易造成"芽干"，出苗率低，导致播种失败。采取沟播技术可较好解决这一问题。

播前施肥后，旋耕并平整土地，然后进行镇压。苜蓿播种采用条播播种机，行距30厘米，播深3～5厘米，形成自然沟，播种机上带轮式镇压器在自然沟内镇压，播后保留自然沟。这样种子播在沟内，上面自然覆土厚1～2厘米。保证了种子正常的萌发深度，又利于保墒。待出苗后沟随雨季到来，自然填平。

2. 优点：技术简便易行，操作简单，易于农民掌握，保墒效果明显。不但解决了苜蓿抗旱保苗难的技术问题，而且苜蓿采用此种沟播方法后，同时可使当年苜蓿的根茎埋深较深，提高了耐寒能力，有利于当年越冬。

3. 缺点：需要条播，且需要配备相应的播种机械。采用谷子或高粱播种机即可，或稍加改造。购置新播种机每台价格3 000元左右。

4. 注意事项：沟播技术适宜在华北干旱区，播种时期适用于春播或秋播。由于播后不在耙地镇压，所以应注意播前一定要平整好土地且进行镇压。

5. 图例（图74）：

图74　旱地苜蓿沟播保墒保苗播种技术

第三节　田间管理技术

一、破除板结技术

1. 技术描述：播种后出苗前，土壤表层常会形成板结层，影响出苗，此时要用短齿圆形镇压器轻度镇压，或用短钉齿耙轻度耙地。有灌溉条件可采用灌溉破除板结（图 75）。

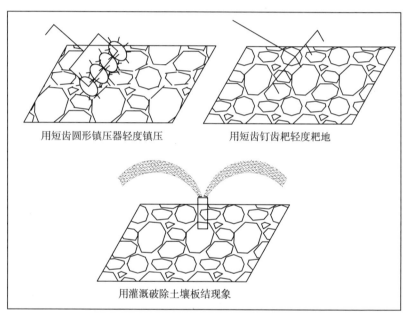

用短齿圆形镇压器轻度镇压　　　用短齿钉齿耙轻度耙地

用灌溉破除土壤板结现象

图 75　破除板结技术

2. 优点：此技术的使用可以有利于种子顶土出苗，出齐苗。

3. 缺点：用机械破除板结轻重程度把握不好会伤害幼苗。

4. 注意事项：用短齿钉齿耙耙地时最好选择在傍晚或早晨进行；力度不宜过重，避免损伤幼苗。

二、杂草防除技术

1. 技术描述：

（1）预防杂草（图76）：使用经过精选和严格检疫的种子，防止掺入杂草种子；施用经发酵腐熟的有机肥，防止厩肥中残存的杂草种子发芽，造成危害；采取顶凌春播或秋播等调整播种期的措施减轻杂草危害；调整种植密度或混播、轮作等方式预防杂草。

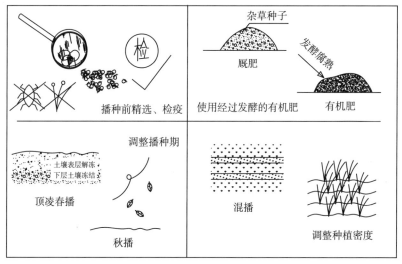

图76　杂草预防技术

（2）清除杂草（图77）：

①人工除草：人力徒手或使用锄头等简单工具清除杂草。在牧草分蘖或分枝以前要早锄和浅锄，分蘖分枝盛期应深锄。

②机械除草：播前用机械翻耕、耙地，清除播前杂草；牧草生长期用机械行间中耕清除杂草；多年生草场也可在返青前和刈割后用机械耙地抑制杂草。

③化学除草：在播前整地时将48％地乐胺乳油、48％氟乐灵乳油、48％拉索乳油等施入土壤，再耙糖，与土壤均匀混合防止杂草出苗；也可在杂草出苗后，使用72％2,4-D丁酯乳油等清除禾本科牧草田间的

双子叶杂草，选用5%咪唑乙烟酸（普杀特）等防除豆科牧草、田间禾
本科杂草和某些阔叶杂草。

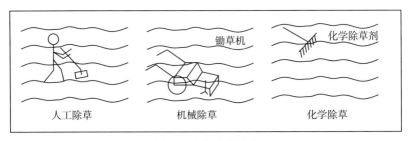

图 77　杂草清除技术

2. 优点：使用该技术可提高草场产草量和质量，保障人畜安全，
防止病虫害的传播。

3. 缺点：农药使用不当会对牧草和土壤造成污染。

4. 注意事项：在进行化学除草时要在杂草生长早期喷药。选择无
风晴天喷药，喷后如果遇雨，应进行第 2 次喷撒。施药后 6 天内不能割
草或翻地。

三、施肥技术

1. 技术描述（图 78）：

（1）基肥：播种前结合翻耕整地施入。有机肥有粪尿肥、厩肥和堆肥，3～4 年施 1 次，每亩地施 500～1 000 公斤，施肥方法有撒施、条施、分层施和混施。化肥有氮、磷、钾肥，如尿素，过磷酸钙，硫酸钾，氯化钾等，按不同牧草的营养特性和土壤供肥特点确定施肥量。

（2）追肥：一般在牧草分蘖、拔节、现蕾及每次刈割后，深施覆土或撒施结合灌水。禾本科牧草主要施氮肥并配合一定量的磷、钾肥；豆科牧草主要是施磷钾肥，在播种当年也可施一定量的氮肥。

（3）叶面施肥：硼和锌等微肥可通过叶面喷施，每年施 1 次或每隔 2～3 年施 1 次。可单施也可几种肥料混合喷施。

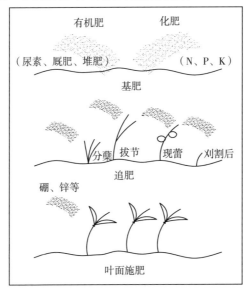

图 78　施肥技术

2. 优点：施肥可以提高草场产量和品质，同时还可延长草场寿命。

3. 缺点：长期使用化学肥料可造成土壤板结，结构变差。

4. 注意事项：追肥应选择在牧草生育的关键时期，最好结合降水或灌水进行；叶面施肥要按说明书严格操作程序和用量施用。

四、灌溉技术

1. 技术描述（图 79）：

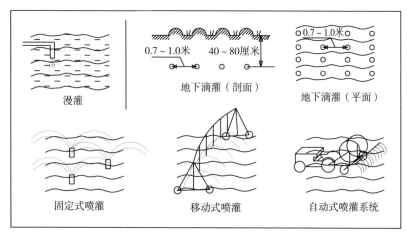

图 79　灌溉技术

（1）漫灌：不开水沟，不筑田埂，不铺管道，让水在田间自由流淌、渗入土壤。

（2）喷灌：固定式喷灌由埋藏地下、遍布整个草场、依喷水半径确定出水口间距的许多喷头组成，适用于面积不大的草场；移动式喷灌由一组或多组可移动的地面软管附带许多喷头构成，适用于各种类型的草场；自动式喷灌系统是由固定式和移动式结合构成，并由电脑自动控制何时灌溉、每次喷灌的时间、每次的灌水量等。常见有龙门式自走喷灌机、卷盘式喷灌机、机引或机载喷灌机和小型手推喷灌机等。

（3）地下滴灌：通常管道埋深 40～80 厘米，间距 0.7～1.0米，灌溉水通过管道孔穴或缝隙渗入土壤，再借助毛细管作用湿润整个根层。

灌溉期：观察植株形态及色泽，缺水时叶片萎蔫，颜色变灰暗，光泽减退。禾本科牧草从分蘖到开花，豆科牧草从孕蕾到开花，都需灌溉。饲用玉米等拔节期后灌溉。豆科牧草早春返青前，入冬前宜灌水；每次刈割后、施肥后宜灌溉。

灌溉量：根据牧草生长阶段需水量与土壤耕层供水量的差额得出的，或根据该生长阶段耕层土壤水分蒸发量与降水量之差得出的，生长期间各次灌水量的总和即为灌溉定额。草场每年每亩的灌溉定额约为250 米^3，每次灌水量以土壤干旱程度定。

2. 优点：漫灌工程简单，投资小。喷灌灌水均匀，节水、节地、省工、省力、受地形限制小，水蚀作用弱，利于调节田间小气候等。地下滴灌节水、节地、省工、省力；保土、保肥；土壤结构好，不形成板结层；地表干燥，利于田间作业。

3. 缺点：漫灌灌溉均匀度差，耗水多，侵蚀和淋溶作用强烈。喷灌受气候影响明显，投资大，对管理人员素质要求较高。地下滴灌在盐碱化地区将促进盐碱化进程，投资较大。

4. 注意事项：漫灌较适宜于水分充足、地形平缓及土壤盐碱化地区。

五、松耙镇压技术

1. 技术描述：整地程序为：耕翻—耙地—平地—镇压（图 80）。耕地要深松浅翻，深翻 25～30 厘米，深松 35～40 厘米。耙地宜对角作业，重耙 2 次，深 14～18 厘米，再轻耙 1 次，深 12～14 厘米；平地可采用"激光平地技术"或拖土板拖平 2 次，以田埂为段面，段面内高差≤5 厘米。播前用镇压器镇压 2 次，播后进行局部镇压。

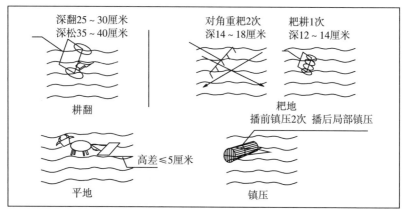

图 80　松耙镇压技术

2. 优点：能为种子播种和萌发准备良好的播床，利于出苗、保苗。

3. 注意事项：松耙镇压后，人站地上，下陷深度不超过 1.5 厘米即为播种状态。土地要尽量平整，否则会增加灌溉成本。

第三章

饲草收获加工技术

饲草加工是指以牧草或饲料作物为原料，经过收获、加工、贮藏、检测等环节，生产出符合一定质量标准的饲料产品的过程。饲草的专业化生产，大大提高了食草家畜养殖业和牧草种植业的效益。饲草通过加工形成的各种产品具有一定的形态、形状或规格，适于作为商品进入流通领域。从发达国家饲草产业化发展的历程看，在实现饲草商品化的过程中，饲草加工是整个产业链条的中心环节，是饲草从分散生产走向社会化生产、从农产品转为商品的重要步骤。饲草加工可以实现饲草的专业化、规模化、社会化生产，符合产业化对生产过程的组织经营要求，从而形成草产品加工产业。饲草加工是连接牧草种植业和养殖业的中间链条，在草产业的发展过程中发挥着重要作用。

第一节　饲草适时收获技术

一、苜蓿适时收获技术

1. 技术描述：在我国内蒙古、甘肃、宁夏地区苜蓿可以收获 2～4 茬。每茬次的适宜收获期是现蕾至开花初期。一般可掌握在现蕾期开始收获（50％的植株出现花蕾即现蕾期），经历初花期到 15％的植株开花时收割完毕（图 81）。

现蕾期开始收获   初花期到15%的植株开花时收割完毕

图 81   苜蓿适时收获

2. 优点：这个时期是总可消化物质含量、蛋白质及微量元素较多的时期，能保证苜蓿草产品的质量及产量。在晾晒过程中不损失叶片的情况下，一般苜蓿干草中的粗蛋白质含量可达 18%～20%、粗脂肪含量在 2.4%左右、粗纤维含量在 36%左右、无氮浸出物 35%左右、粗灰分 9%左右。

3. 缺点：我国北方地区按该模式收获 2 茬和 3 茬草时，往往因降雨影响，适时收获难度较大。

4. 注意事项：苜蓿适时收获期持续时间约 1 周左右。因此，在大面积收获时，应调配好收获机械，保证在 1 周收获完毕。冬前最后一次刈割的留茬高度 8 厘米以上，利于苜蓿的越冬和翌年生长。

二、羊草适时收获技术

1. 技术描述：根据产量动态和营养物质含量动态，羊草的适时刈割期一般可选择在开花期。其他几种常用禾本科牧草的适时刈割期如表 11 所示。

表 11   几种禾本科牧草的适时刈割期

种类	适宜刈割期
老芒麦	抽穗期
无芒雀麦	孕穗—抽穗期
披碱草	孕穗—抽穗期
黑麦草	抽穗—初花期
鸭茅	抽穗—初花期
冰草	抽穗—初花期

2. 优点：该时期收获的羊草叶多茎少，纤维含量较低，质地柔软，蛋白质含量较高，消化率较高。

3. 注意事项：禾本科牧草开花期较短，因此在收获时，应充分做好收获准备，保证在适宜收获期及时收获牧草。

三、针茅草地牧草收获技术

天然草地草群中植物种类多，不同植物的适宜收获时期和技术不一致。因此，为把损失减少到最小，保证收获草产品原料品质和产量，我们以草群中优势种的最佳刈割时间和刈割技术为主，适当考虑草群中其他牧草的刈割时期，确定最适刈割收获方式。而北方草原大多数类型草地均以针茅属牧草为建群种。

1. 技术描述：在生长有针茅属牧草的草甸草原、典型草原和荒漠草原打草场，牧草收获应选择在针茅芒针形成前进行（图82）。

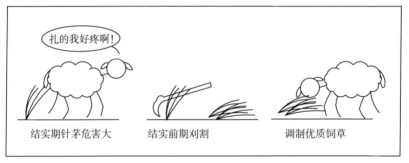

图 82　天然草地牧草收获技术

2. 优点：可降低针茅芒针对家畜的伤害，提高羊皮质量，增加养殖效益。

3. 缺点：收获牧草可能会遭遇雨季，调制干草难度增加。

4. 注意事项：准确掌握针茅芒针形成期，过早牧草产量低，过晚则失去防止芒针危害的意义。另外，打草场需要隔年轮换刈割或隔带刈割。

第二节　干草加工调制技术

一、草架干燥技术

1. 技术描述：将牧草刈割后，就地取材，利用青石、木架、柳条搭建成底部可通风的晾晒台，将牧草平铺于上，可加快牧草的干燥速度（图83）。

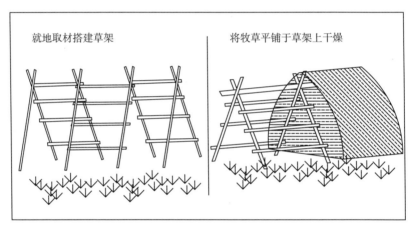

就地取材搭建草架　　　　　　　将牧草平铺于草架上干燥

图83　草架干燥技术

2. 优点：与传统平铺于地面干燥相比，该技术可缩短牧草干燥时间 1/2～1/3，减少牧草营养物质损失。

3. 缺点：不适合大面积机械化调制干草。

4. 注意事项：搭建的草架应留有通风道，否则干燥效果大打折扣。

二、低密度捆继续干燥技术

1. 技术描述（图84）：将牧草收获晾晒 6～8 小时，当含水量降到 30% 左右时，用低密度方草捆机捆裹成密度小于 100 公斤/米³ 的方草捆或人工捆裹为直径 20～30 厘米小草捆，运输到可遮雨的堆垛场进行堆垛。堆垛时草垛内留下一定的通风道，辅以鼓风机，继续干燥。

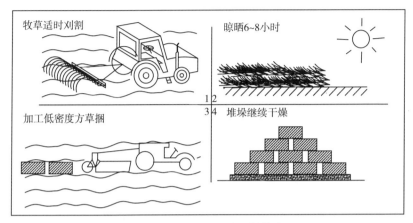

牧草适时刈割

晾晒6~8小时

加工低密度方草捆

堆垛继续干燥

图84 低密度捆继续干燥技术

2. 优点：可减少雨淋损失和叶片脱落损失，收储牧草质量高。尤其适合豆科牧草的保叶干燥，叶片保存率超过85％。

3. 缺点：对打捆时的牧草含水量要准确判断，水分过高草捆中心易霉变，水分过低牧草叶片脱落量增加。

4. 注意事项：堆垛时草捆间要留下通风道，加速牧草干燥。降雨较多季节不适合应用。

三、打捆技术

1. 技术描述：干草打捆由打捆机械完成。打捆机械主要有捡拾打捆机和固定式高密度二次打捆机。捡拾打捆机在田间捡拾干草条，边捡拾边压制成草捆。按照动力系统的装置分为牵引式和自走式。按照草捆形状分为方草捆机和圆草捆机。较普遍的方草捆大小为35.6厘米×45.8厘米×（81.3~91.5）厘米，草捆密度约为每立方米160~300公斤；圆草捆大小长为100~170厘米，直径为100~180厘米，草捆密度约为每立方米110~250公斤。大圆草捆的质量最大可达850公斤，常见的质量为600公斤。二次高密度打捆机固定作业是将中等密度的方捆或捡拾压捆机的成捆干草进行二次压捆。苜蓿草捆经二次高密度压捆后，其密度可由原来的每立方米 150～180 公斤提高到每立方米 320～380 公斤。

2. 优点：机械作业效率高；提高了牧草所占体积，便于搬运和贮藏；降低了营养损失，能够保持干草的色泽和芳香。

3. 缺点：打捆和搬运需用大型专用机械，作业成本较高；牧草在打捆时的含水量不易把握；大型圆草捆不宜远距离运输。

4. 注意事项：打捆时牧草含水量要适宜，水分过高易导致发热或霉变损失，水分过低不易打捆成型，且会造成叶片过量脱落损失；草捆在高燥处堆放，便于通风晾晒和防雨水。

5. 图例（图 85、图 86）：

图 85　方捆打捆机

图 86　圆捆打捆机

四、干草贮存技术

(一) 干草含水量判定技术

1. 技术描述：当调制的干草含水量达到 15％～18％时，即可进行贮藏。判断干草含水量的方法是：①含水分 15％～16％的干草紧握发出沙沙声和破裂声，将草束搓拧或折曲时草茎易折断，拧成的草辫松手后几乎全部迅速散开，叶片干而卷。禾本科草茎节干燥，呈深棕色或褐色。②含水分 17％～18％的干草紧握或搓揉时无干裂声，只有沙沙声，松手后干草束散开缓慢且不完全。叶卷曲，弯折茎的上部时，放手后仍保持不断。这样的干草可以堆藏。③含水分 19％～20％的干草紧握草束时，不发出清楚的声音，容易拧成紧实而柔软的草辫，搓拧或弯曲时保持不断，不适于堆藏。④含水分 23％～25％的干草搓揉没有沙沙声，搓揉成草束时不易散开，手插入干草有凉的感觉，不能堆垛贮藏。

2. 优点：方法简便。

3. 缺点：实际操作中不易掌握，偏差较大。

4. 注意事项：对于不同的贮存方法，要求干草的含水量不同。

(二) 干草贮存技术

1. 散干草贮存技术：

(1) **技术描述**：散干草通常露天垛藏。当调制的干草含水量降至为 15％～18％时即可进行堆垛。常见堆藏形式有长方形垛和圆形垛两种。长方形垛一般宽 4～5 米，高 6～6.5 米，长不少于 8 米；圆形垛一般直径为 4～5 米，高 6～7 米。散干草的堆垛作业可由人工操作或干草堆垛机（悬挂式或液压式）完成。应选择地势高燥处作为垛址。草垛应以树枝、秸秆或砖块等干燥且透气性好的材料作底，厚度不少于 25 厘米。垛底周围设置排水沟，通常深 30 厘米，底宽 20 厘米，沿宽 40 厘米。垛草时应分层进行，且逐层压实。垛顶可覆盖以劣质草，并用重物压住或以绳索捆住垛顶，以防风害。

(2) **优点**：经济节约。

(3) **缺点**：易受雨淋、日晒、风吹、虫鼠和微生物等不良条件影响，使干草褪色，营养成分流失，甚至造成干草霉烂变质。

（4）注意事项：长方形垛的窄端应对准主风方向，水分较高的干草应堆在草垛四周靠边处，便于干燥和散热；在雨雪较多地区，草垛从上至下应逐渐放宽，垛顶中部隆起高于四周，以减轻雨淋和利于排水。在气候潮湿地区，垛顶应凸起；在干旱地区，垛顶坡度可稍缓；应适当增加草垛高度以减少干草堆藏中的损失。

（5）图例（图 87）：

图 87　圆形草垛

2. 打捆干草贮藏技术：

（1）技术描述：草捆通常垛藏于干草棚、专用仓库或露天堆垛，顶部加防雨层。常见垛形为长方形，垛宽 3～5 米，高 18～20 层，长 20 米左右。底层草捆立铺，且与干草捆的宽面相互挤紧，窄面向上，整齐铺平，不留通风道或任何空隙。其余各层堆平，上层草捆之间的接缝应和下层草捆之间的接缝错开。底层草捆应从第 2 层草捆开始，可在每层中设置 25～30 厘米宽的通风道，在双数层开纵向通风道，在单数层开横向通风道。垛顶部呈带檐双斜面状。简单的草棚只有支柱和棚顶，四周无墙体，成本较低。如为露天贮藏，垛顶部应覆以 1～2 层塑料布、苫布或草帘等遮雨物。

（2）优点：干草垛体积小，密度大，贮藏方便；经济节约；营养物质损失少。

（3）缺点：堆垛方法不当，容易塌陷漏雨。

（4）注意事项：对贮藏的草捆要指定专人负责定期检查和管理，防止垛顶塌陷漏雨和垛基受潮；要特别注意防火。

（5）图例（图 88）：

图 88　露天圆草捆

五、干草质量感官鉴定技术

1. 技术描述：从感官上判断干草的品质主要依据以下几方面因素：

（1）收割时期。适时收割的干草一般颜色较青绿，气味芳香，叶量丰富，茎秆质地柔软，营养成分含量高，消化率高。

（2）颜色气味。优质干草呈绿色。适时收割的干草具有浓厚的芳香味，如果干草有霉味或焦灼的气味，其品质不佳。

（3）叶片含量。干草中叶量多，品质就好。鉴定时取一束干草，看叶量的多少。优质豆科牧草干草中叶量应占干草总质量的50%以上。

（4）牧草形态。初花期或以前收割的牧草，干草中含有花蕾，未结实花序的枝条也较多，叶量丰富，茎秆质地柔软，品质好。

（5）牧草组分。干草中优质豆科或禾本科牧草占有的比例大时，品质较好，而杂草数目多时品质差。

（6）含水量。干草含水量应为15%～17%，超过20%以上时，不利于贮藏。

（7）病虫害情况。鉴定时抓一把干草，检查叶片、穗上是否有病斑出现，是否带有黑色粉末等，如果发现带有病斑，则不能饲喂家畜。

2. 优点：方法简单，便于应用。

3. 缺点：方法粗略，不能准确鉴定干草等级。

4. 注意事项：鉴定干草牧草组分时，先在干草中选20处取样，每处取草样200～300克，将其充分混合后从中取出1/4，然后分成5类，即禾本科、豆科、可食性杂草、饲用价值低的杂草和有毒有害植物，并分别计算各类杂草所占比例。

5. 附表（表12、表13）：

表 12　干草颜色感官鉴定标准

等级	颜色	养分保存	饲用价值	分析与说明
优良	鲜绿	完好	优	收割适时，调制顺利，保存完好
良好	淡绿	损失小	良	调制贮存基本合理，无雨淋、霉变
次等	黄褐	损失严重	差	收割晚、受雨淋、高温发酵
劣等	暗褐	霉变	不宜饲用	调制、贮存均不合理

表 13　内蒙古自治区干草等级评定方案

等级	颜色	叶、花损失	含水量（%）	气味
一级	鲜绿或深绿色	<5%	15～17	有浓郁的干草芳香气味；再生草调制的干草，香味较淡
二级	绿色	<10%	15～17	有芳香香味
三级	叶色暗淡	<15%	15～17	有干草香味
四级	茎叶发黄或发白，部分有褐色斑点	>15%	15～17	香味较淡
五级	茎叶发霉			有臭味

第三节　饲草青贮技术

一、割草机、搂草机组合收获技术

1. 技术描述：将横幅式割草机与横向搂草机组合在小四轮拖拉机上，由一名操作人员同时完成牧草刈割和搂草两项工作。将往复式割草机安装于拖拉机前后轮之间，横幅式搂草机安装于拖拉机尾部。该技术主要适合天然牧草作为青贮原料收获。

2. 优点：通过组装价格低廉的牧草刈割和搂草设备，一机一人就可以完成刈割和搂草两项工作，降低牧草收获成本。

3. 缺点：要求打草场地势相对平整，操作人员需要一定的操作技能。

4. 注意事项：掌握好割草机和搂草机的作业幅宽，两机作业幅宽要相等，避免搂草过程中因漏捡牧草，造成损失。

5. 图例（图 89、图 90）：

图 89　割草机、搂草机联合组装

图 90　联合机组作业模式

二、牧草草捆青贮技术

1. 技术方法描述（图 91）：在收获"伏草"时，可以将 60％含水量的青鲜牧草加工成高密度方草捆，运输至青贮窖堆垛青贮。草捆密度达到 350～400 公斤/米³（需要二次加压）时青贮品质最好。天然牧草原料上附着的乳酸菌较少，因此在青贮过程中添加一定的乳酸菌菌剂，可明显改善牧草青贮品质。目前市场上还没有天然牧草青贮专用的乳酸菌剂，可借用玉米或水稻青贮乳酸菌剂，菌剂的使用量最好参考具体产品说明书。以日本雪印株式会社生产的"畜草一号"青贮菌剂为例，其

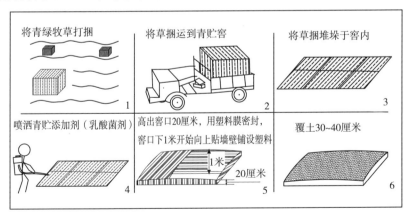

图 91　牧草草捆青贮技术

使用量为每吨青贮牧草原料需要添加 10 克。将冻干菌剂在温水中活化 2 小时后使用效果最好。

2. 优点：可以高效保存青鲜牧草营养物质，且取用方便。

3. 缺点：对草捆密度、堆垛技术和密封条件要求较高。

4. 注意事项：草捆密度至少应达到 180 公斤/米³ 以上，方草捆形状要规整。菌种随用随活化后使用。

三、牧草散草青贮技术

1. 技术方法描述（图 92）：在我国北方草原，6 月末至 8 月初，当天然牧草原料含水量在 60% 左右时，将青绿牧草刈割后，直接运送至青贮窖，逐层装填并喷洒青贮添加剂进行青贮。一般可以采用链轨拖拉机进行镇压。天然牧草青贮菌剂可借鉴玉米、水稻和黑麦草青贮菌剂，具体使用量按说明书建议量使用。每铺设 30 厘米厚度后，进行镇压 1 次，喷洒菌剂 1 次。

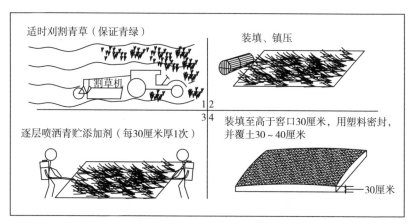

图 92　牧草散草青贮技术

2. 优点：简单易行，牧草营养保存率高。

3. 缺点：青贮成功后，取用时由于牧草间缠绕，有一定难度。

4. 注意事项：做好镇压和密封工作。

四、牧草裹包青贮技术

1. 技术方法描述（图93）：6月末至8月初，将含水量为60％左右的青绿天然牧草刈割后，直接加工成圆草捆（密度为300公斤/米³以上），用拉伸膜裹包青贮机裹包青贮。

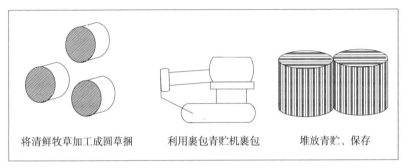

| 将清鲜牧草加工成圆草捆 | 利用裹包青贮机裹包 | 堆放青贮、保存 |

图93　牧草裹包青贮技术

2. 优点：青贮密封性和防治二次发酵效果好，适宜较远距离搬运。

3. 缺点：对缠裹塑料膜的拉伸强度、抗氧化性要求较高，需要专用机械，有一定经济能力的农牧户方可采用。

4. 注意事项：防止裹包青贮饲料贮藏期间塑料膜破损，造成青贮饲料的氧化酸败。

第二部分　养畜生产技术

第一章

养牛技术

肉牛是以生产牛肉为主的牛。肉牛的特点是：体躯丰满、增重快、饲料利用率高、产肉性能好，肉质口感好。

长期以来，我国的肉牛生产均为地方品种的役用牛。机械化发展和人民生活水平提高，牛的役用减少，牛肉在饮食结构中比重逐渐增加。随着国外肉牛品种的引入和冷冻精液、人工授精技术的发展，以黄牛（中国家牛的总称）杂交为主的肉牛生产方式成为我国肉牛生产的主要手段，并且呈区域化生产。近 20 年来，牛肉价格呈稳步上升趋势，没有剧烈波动，且肉牛疾病少，在注意牛舍通风、安全卫生和正常检疫、防疫前提下，一般不会发病。蒙甘宁地区拥有天然草原优势，饲草成本低，可生产高品质的牛肉，肉牛养殖具有广阔的市场前景。

第一节 优良品种介绍

一、秦川牛

1. 特征描述（图 94）：中国黄牛的著名品种之一，主要分布于陕西、甘肃、河南。秦川牛体格高大，骨骼粗壮，肌肉丰满，体质强健，头部方正。肩长而斜，胸宽深，肋长而开张，背腰平而宽广，长短适中，结合良好，荐骨隆起，后躯发育稍差，四肢粗壮结实，两前肢相距较宽，有外弧现象，蹄叉紧。公牛头较大，颈粗短，垂皮发达，鬐甲高而宽。母牛头清秀，颈厚薄适中，鬐甲较低而薄，角短而钝，多向外下方或向后稍微弯曲。毛色有紫红、红、黄 3 种，以紫红和红色居多。

2. 生产性能：秦川牛体格高大，成年公牛平均体高147 厘米，体长 172 厘米，体重 500～700 公斤。成年母牛平均体高 131 厘米，体长 141 厘米，体重 310～450 公斤。秦川牛易于育肥，肉质细致，瘦肉率高，大理石纹明显。18 月龄育肥牛平均日增重为 550 克（母牛）或700 克（公牛），平均屠宰率达 58.3%，净肉率 50.5%。

图 94　秦川牛

二、蒙古牛

1. 特征描述（图 95）：原产蒙古高原地区，现广泛分布于内蒙古、东北、华北北部和西北各地，蒙古和前苏联，以及亚洲中部的一些国家也有饲养。头短宽而粗重，额稍凹陷。角细长，向上前方弯曲，角形不一，多向内稍弯。被毛长而粗硬，以黄褐色、黑色及黑白花为多。皮肤厚而少弹性。颈短，垂皮小。鬐甲低平，胸部狭深。后躯短窄，尻部倾斜。背腰平直，四肢粗短健壮。乳房匀称且较其他黄牛品种发达。蒙古牛是我国北方优良牛种之一。它具有乳、肉、役多种用途，适应寒冷的气候和草原放牧等条件，且耐粗宜牧，抓膘易肥，适应性强，抗病力强，肉的品质好，生产潜力大。

2. 生产性能：体重由于自然条件不同而有差异，自 250～500 公斤不等。秋季牧草结籽、膘满肥壮时，屠宰率有的可达 53% 左右。中等营养水平的阉牛平均宰前重（376.9±43.7）公斤，屠宰率为（53.0±28）%，净肉率（44.6±2.9）%，骨肉比 1：4.7 至 1：5.7，眼肌面积（56.0±7.9）厘米^2。肌肉中粗脂肪含量高达 43.0%。泌乳期 5 月至 6 月中旬，年平均产量 500～700 公斤。平均乳脂率为 5.22%，最高者达9%，最低为 3.1%。

图 95　蒙古牛

三、夏洛来牛

1. 特征描述（图 96）：产于法国的著名大型牛种，毛色呈乳白色或白色，骨骼粗壮，有发达的背腰部，眼肌面积为 100 厘米^2，是高级高价牛肉的货源。该牛全身肌肉特别发达，骨骼结实，四肢强壮。牛头小而宽，角圆而较长，并向前方伸展，角质蜡黄、颈粗短，胸宽深，肋骨方圆，背宽肉厚，体躯呈圆筒状，肌肉丰满，后臀肌肉很发达，并向后和侧面突出。成年牛重，公牛平均为 1 100～1 200 公斤，母牛 700～800 公斤。我国直接由法国引进夏洛来肉牛，主要分布在东北、西北和南方部分地区。夏洛来牛生长期饲料要求高，放牧时采食快，觅食力强，运动量不足，易发生蹄裂，要及时削蹄，难产率高，需要助产。

图 96　夏洛来牛

2. 生产性能: 夏洛来牛在生产性能方面主要表现在生长速度快,瘦肉产量高。良好的条件下,日增重达 1 400 克,公犊 6 月龄体重达 250 公斤,母犊 6 月龄体重可达 210 公斤,屠宰率一般为 60%~70%,胴体瘦肉率为 80%~85%。

四、西门塔尔牛

1. 特征描述(图 97):产于西欧几个国家的大型乳肉兼用牛种,毛色为黄白花或淡红白花,头、胸、腹下、四肢及尾尖多为白色,皮肤为粉红色,头较长,面宽;角较细而向外上方弯曲,尖端稍向上。体躯长,呈圆筒状,肌肉丰满;前躯较后躯发育好,胸深,臀部宽平,四肢结实,大腿肌肉发达,乳房发育好,是美国牛肉分等级标准的示范用牛种。成年母牛难产率低,适应性强,耐粗放管理。公牛性格暴烈,应给 1 岁左右的青年公牛带上鼻环。

图 97 西门塔尔牛

2. 生产性能:西门塔尔牛乳、肉用性能均较好,成年公牛体重平均为 800~1 200公斤,母牛 650~800 公斤,平均产奶量为泌乳期 4 070 公斤,乳脂率 3.9%。在欧洲良种登记牛中,年产奶 4 540 公斤者约占 20%。生长速度较快,日增重可达 1.35~1.45 公斤以上,生长速度与其他大型肉用品种相近。胴体肉多,脂肪少而分布均匀,公牛育肥后屠宰率可达 65%左右。

五、利木赞牛

1. 特征描述（图 98）：利木赞肉牛因原产于法国中部的利木赞高原而得名，现在世界上许多国家都有该牛分布。利木赞牛毛色为红色或黄色，口、鼻、眼周围、四肢内侧及尾帚毛色较浅，角为白色，蹄为红褐色。头较短小，额宽，胸部宽深，体躯较长，后躯肌肉丰满，四肢粗短。

图 98　利木赞牛

2. 生产性能：出生时体重较小，难产率较低，生长强度大，牛肉细嫩。利木赞牛产肉性能高，胴体质量好，眼肌面积大，前后肢肌肉丰满，出肉率高，在肉牛市场上很有竞争力。平均成年体重：公牛 1 200公斤、母牛 600 公斤。集约饲养条件下，犊牛断奶后生长很快，10 月龄体重即达 408 公斤，周岁时体重可达 480 公斤左右，哺乳期平均日增重为 0.86~1.3 公斤。

六、安格斯牛

1. 特征描述（图 99）：安格斯牛属于古老的小型肉牛品种，原产于英国，目前世界上多数国家都有该品种牛。安格斯牛以被毛黑色和无角为重要特征，故也称其为无角黑牛。该牛体躯低翻、结实、头小而方，额宽，体躯宽深，呈圆筒形，四肢短而直，前后挡较宽，全身肌肉丰满，具有现代肉牛的典型体型。安格斯牛适应性强，耐寒抗病，缺点是母牛稍具神经质。

图 99　安格斯牛

2. 生产性能：安格斯牛具有良好的肉用性能，被认为是世界上肉牛品种中的典型品种之一。安格斯牛成年公牛平均体重 700～900 公斤，母牛 500～600 公斤。早熟，胴体品质高，出肉多。屠宰率一般为 60%～65%，哺乳期日增重 0.9～1 公斤。育肥期日增重（1.5 岁以内）平均 0.7～0.9 公斤。肌肉大理石纹很好。

七、海福特牛

1. 特征描述（图 100）：海福特牛原产于英国英格兰的海福特县，现分布于世界上许多国家。海福特牛具有体质强壮、较耐粗饲、适于放牧饲养、产肉率高等特点，该牛体躯宽大，前胸发达，全身肌肉丰满，头短，额宽，颈短粗，颈垂及前后躯发达，背腰平直而宽，肋骨张开，四肢端正而短，躯干呈圆筒形，具有典型的肉用牛的长方体型。被毛，除头、颈垂、腹下、四肢下部和尾端为白色外，其他部分均为红棕色，皮肤为橙红色。

图 100　海福特牛

2. 生产性能：海福特牛肉质细嫩，味道鲜美，肌纤维间沉积脂肪丰富，肉呈大理石状。12个月龄体重达400公斤，平均日增重1公斤以上。成年体重，公牛为1 000～1 100公斤，母牛为600～750公斤。出生后400天屠宰时，屠宰率为60%～65%，净肉率达57%。哺乳期日增重，公牛为1.14公斤，母牛为0.89公斤；7～12个月龄日增重，公牛为0.98公斤，母牛为0.85公斤。

八、三河牛

1. 特征描述（图101）：三河牛是我国培育的优良乳肉兼用品种，主要分布于内蒙古呼伦贝尔市大兴安岭西麓的额尔古纳市三河（根河、得尔布干河、哈乌尔河）。该牛体格高大结实，肢势端正，四肢强健，蹄质坚实。有角，角稍向上、向前方弯曲，少数牛角向上。乳房大小中等，质地良好，乳静脉弯曲明显，乳头大小适中，分布均匀。毛色为红（黄）白花，花片分明，头白色，额部有白斑，四肢膝关节下部、腹部下方及尾尖为白色。三河牛耐粗饲，耐寒，抗病力强，适合放牧。但是，由于三河牛来源复杂，个体间差异大，不论是在外貌上还是在生产性能上的表现都不一致，应改善饲养管理，进一步提高其品质。

图101　三河牛

2. 生产性能：成年公、母牛的体重分别为1 050公斤和547.9公斤，体高分别为156.8厘米和131.8厘米。犊牛初生体重，公犊为35.8公斤，母犊为31.2公斤。6月龄体重，公牛为178.9公斤，母牛为169.2公斤。从断奶到18月龄之间，在正常的饲养管理条件下，平均日增重为500克，从生长发育来看，6岁以后体重停止增长，三河牛属于晚熟品种。

第二节 繁育技术

一、发情鉴定技术

1. 技术描述：鉴定母牛发情的方法有外部观察法、试情法、阴道检查法和直肠检查法等。

（1）外部观察法：根据母牛的外部表现来判断发情情况。母牛发情时往往兴奋不安，食欲和奶量减少，尾根举起，追逐、爬跨其他母牛并接受其他牛爬跨，发情牛爬跨其他牛时，阴门搐动并滴尿，具有公牛交配动作。外阴部红肿，从阴门流出黏液。

（2）试情法：根据母牛爬跨的情况来发现发情牛，此法尤其适用于群牧的繁殖母牛群，提高发情鉴定效果。试情法有 2 种：一种是将结扎输精管的公牛放入母牛群中，日间放在群牛中试情，夜间公母分开，根据公牛追逐爬跨情况以及母牛接受爬跨的程度来判断母牛的发情情况。另一种是将试情公牛接近母牛，如母牛喜靠公牛，并作弯腰弓背姿势，表示该母牛可能发情。

（3）阴道检查法：用阴道开张器来观察阴道的黏膜、分泌物和子宫颈口的变化来判断发情与否。发情母牛阴道黏膜充血潮红，表面光滑湿润；子宫颈外口充血、松弛、柔软开张，排出大量透明的纤维性黏液，如玻棒状（俗称吊线），不易折断。黏液最初稀薄，随着发情时间的推移，逐渐变稠，量也由少变多。到发情后期，量逐渐减少且黏性差，颜色不透明，有时含淡黄色细胞碎屑或微量血液。不发情的母牛阴道苍白、干燥，子宫颈口紧闭，无黏液流出。

（4）直肠检查法：因专业性强请专业人员鉴定。母牛的发情表现虽有一定规律性，但由于内外因素的影响，有时表现不大明显或欠规律性，因此在确定输精适期时，必须综合判断，具体分析。

2. 注意事项：母牛发情鉴定的目的是及时发现发情应配母牛，正确掌握配种时间，适时配种，防止误配漏配。一般肉牛的初配适龄为：早熟品种，公牛 15～18 月龄，母牛 16～18 月龄；晚熟品种，公牛18～20 月龄，母牛 18～22 月龄。实践证明，正确掌握母牛发情和排卵规律，抓住最佳配种期进行适时配种是提高母牛受胎率的重要措施之一。

二、妊娠诊断技术

1. 技术描述：目前，临床生产中应用最普遍的妊娠诊断方法是外部观察法和直肠检查法。

外部观察法：母牛妊娠后，不再发情是妊娠最明显的表现，随妊娠时间的增加，母牛食欲增强，被毛出现光泽，性情变得温顺，行动缓慢。腹围增大且不对称，在妊娠后半期（5 个月左右），腹部出现不对称，右侧腹壁突出。8 个月以后，右侧腹壁可见到胎动。初孕母牛从妊娠 3 个月左右，乳房变大；已产牛在妊娠中期以后，乳房明显增大。外部观察在妊娠的中后期才能发现明显的变化，只能作为一种辅助的诊断方法。

对母牛进行阴道检查也有助于判断是否妊娠。母牛在配种后 1 个月，检查人员用开腔器插入阴道，如感到有阻力，母牛阴道黏膜干涩、苍白、无光泽、子宫口偏向一侧，紧密闭锁，并有灰暗、浓稠的黏液栓塞封闭，则表明母牛已妊娠。

2. 注意事项：直肠检查法请专业人员鉴定，非专业人员易导致流产，且鉴定不准确。

三、怀孕母牛的饲养管理技术

1. 技术描述：母牛怀孕前期应注意日粮的全价性。饲草料种类要多，蛋白质、维生素、矿物质营养应充足，怀孕前期一般处在哺乳末期或断奶前后，应按日泌乳量 2～4 公斤的饲养标准进行饲养。管理方面避免拥挤等，以防流产。母牛怀孕中期一般处在冬季，除按日泌乳量 2～4 公斤的饲养标准饲养外，要注意圈舍保暖，不喂冰冻霉败饲草料，不饮冰雪水，注意供给能量较高的日粮。母牛怀孕后期，胎重将增加 2/3，母体也将增强代谢，增加体重，贮备产后泌乳所需营养，因此必须加强营养。除按饲养标准供给充足的能量、蛋白质、维生素、矿物质等之外，由于怀孕末期正值春季，气候及饲草料条件均较差，所以，配合的日粮要特别注意品质、注意质量，要容易消化，增加日喂次数，不喂冰冻霉烂饲料，不饮冰雪污水，继续注意保暖，防止拥挤、驱赶、抵架、鞭打，避免早产、流产。

2. 注意事项：母牛怀孕的各个阶段除按饲养标准饲养外，应经常观察牛只体况，以体型中等作为检查饲喂适当与否的标准，过肥过瘦都应及时调整日粮，并应在整个怀孕期坚持适当的运动，以防难产。

四、围产期母牛饲养技术

1. 技术描述：围产期指的是奶牛临产前 15 天到奶牛产后 15 天。包括妊娠后期和泌乳初期。由于母牛在这一阶段生理方面发生了较大变化，抵抗力下降，稍有不慎极易患病，甚至会影响到母牛及犊牛的健康。因此，加强牛围产期的饲养管理显得十分重要。

母牛转入产房前，仍按干奶后期的方法进行饲养。该阶段应从产前第 15 天开始加料，所饲喂的饲料应该同奶牛产后使用的饲料相同。少量喂给一些糟粕类饲料和块根类饲料。主要以优质粗饲料为主，日粮精粗比例可按 60：40 配比。主要以优质干草适当搭配精饲料进行饲养，如在围产前期饲喂 5~10 千克的玉米青贮，有助于产后更快适应含有玉米青贮的泌乳期日粮。主要以增进奶牛对粗料的食欲为主，并要注意逐渐将日粮结构向泌乳期日粮结构转变，以防产后日粮组成的突然改变影响母牛的食欲。精饲料的喂量一般每天 3~5 公斤。每日多喂 0.2~0.5 公斤精料，增喂精料可促进瘤胃内绒毛组织的发育，增强瘤胃对挥发性脂肪酸的吸收能力。对于体况过肥的牛或有酮病史的母牛，在精饲料中要适当提高麸皮的比例，可防产前便秘发生。

2. 注意事项：产前应降低钙和食盐的含量。特别是转入产房后，要注意降低日粮中钙和食盐的含量。采用低钙饲养法，加速奶牛骨骼中的钙质向血液转移，防止产后瘫痪的发生。

五、接生技术

1. 技术描述：当母牛出现临产征兆时，将母牛赶入分娩室（注意在使用分娩室前必须要经过有效消毒，同时铺上干净、柔软的垫料），没有分娩室的牧场，可将 2~3 个牛床位用栏杆围起来，作临时分娩室（图 102）。让母牛自由活动，人不要过多地去干预。但是，要密切关注母牛的整个分娩过程，产出后及时断掉脐带。

2. 注意事项：母牛产犊后，不要急于把犊牛拉走，让犊牛与母牛一起待在分娩室，母牛会舔干犊牛身上的羊水，时间不少于 1 个小时。这样做的好处是，可以促进母牛的泌乳，也有利于胎衣的排出。

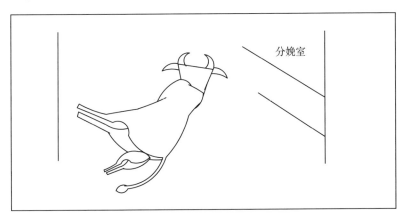

分娩室

图 102　接生技术

六、牛的助产技术

1. 技术描述：要准备好碘酒、消毒剪刀、干净纱布和温水。消毒手臂及母牛产道周围。分娩正常的母牛阵缩、努责 30～40 分钟可产犊，不必人工助产。如阵缩时间长、阵缩力弱、胎儿产出困难时，要用手轻轻顺势把犊牛拉出（图 103）。胎儿产出后如胎衣不破，应立即用手撕破，以免牛犊憋死。牛犊产出后首先把牛犊口腔、鼻腔的胎儿黏液清除，便于呼吸，然后用毛巾把牛犊全身擦干，脐带往往自行扯断，如脐带断处不断出血可涂些碘酊消毒。再把牛蹄底软蹄剥掉，以便站立。然后把犊牛放入备好的培育栏（舍）里，分娩母牛胎衣在胎儿产出后 6～7 小时即可娩出。

2. 注意事项：接产前做好接产准备，牛舍要保持安静，把牛舍门、窗关好，冬季要求舍内保暖，为使接产方便，母牛卧地时不要靠墙角。

图 103　牛的助产技术

七、哺食初乳技术

1. 技术描述：牛产后 1～5 天的奶叫初乳。犊牛出生后到第 5 天是哺食初乳阶段（图 104）。要让出生 5 天的牛犊吃到母乳，可提高犊牛的免疫力。一般犊牛可自然找到乳头，如寻找奶头有困难，可人工辅助犊牛寻找奶头。一般要让犊牛在产后 1～2 小时内能够饮到占体重 6％ 的初乳。

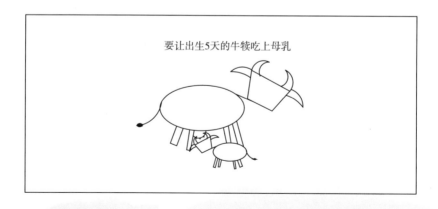

要让出生5天的牛犊吃上母乳

图 104　哺食初乳技术

2. 优点：初乳是哺乳类幼畜难以替代的天然食品。初乳营养成分的含量比常乳高得多，对初生牛犊的培育具有许多特殊而重要的作用。

八、断奶技术

1. 技术描述：幼畜出生后 50～90 天，由吃奶向吃草和料的过渡阶段（图 105）。逐渐减奶加料，早吃幼嫩青草和优质干草。

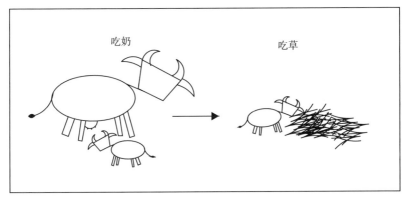

图 105　断奶技术

2. 注意事项：幼畜所需的能量、蛋白质、矿物质、微量元素和多种维生素等营养，必须由断奶料及优质干草、胡萝卜等多汁饲料补给。还应考虑幼畜所处的环境温度。

第三节　放牧饲养技术

一、肉牛自由放牧技术

1. 技术描述：以利用天然牧场为主的育肥方法。放牧育肥期一般从5月下旬开始，到10月下旬结束。放牧的最好季节是牧草结籽期。放牧方法可因地制宜，农牧户育肥多采取小群放牧方法，每群以10头左右为宜。夏季天热，蚊虫较多，影响牛的放牧采食。因此，夏季放牧要尽量避开炎热天气，采取上午早出早归、下午晚出晚归、中午休息的放牧方法。每日放牧2次，上午6：00至10：00放牧，下午3：00至7：00放牧，每日放牧8小时，中午将牛群赶进棚圈或拴在树阴下休息。同时注意补盐。放牧期夜间最好能补饲适量混合精料。如果有条件，每天补给精料量为育肥牛活重的1％，补饲后要保证饮水。为了提高放牧育肥牛的商品率，冬季要限量饲喂，使架子牛的日增重不超过400克，以便于肉牛夏季放牧能达到最大生长量。

2. 注意事项：春季牧草含水量高，不要过早放牧，放牧季节结束后及时补饲，促进生长。放牧时要让牛饮用清洁水源，不饮死水和泡子里的水；也不要到低洼处放牧，防止牛感染肝片吸虫（图106）。同时要注意防止烈日暴晒和雨淋。育肥牛群中不要有母牛，以免影响公牛的采食和增膘。如果母牛较多，可另外组群。育肥牛不能使役，以防"溜膘"，降低育肥效果。围产期母牛和初生60天内犊牛不适宜放牧。

图 106　肉牛自由放牧技术

二、分区轮牧技术

1. 技术描述（图 107）：一般和围栏相配合，即用围栏的办法（电网、刺篱）将一块草场分为若干小区（4 米×7 米或 4 米×28 米），根据草场产草量和牛群大小确定轮牧区的大小。按照 21～28 天 1 个周期的办法进行轮牧，同时刈草调制、保存干草。每个小区的放牧时间应以保证牛能得到足够的牧草，而又不致使草地过度践踏为原则，一般不超 6 天。轮牧周期是根据采食以后，草地恢复到应有的高度来确定。轮牧次数因草场类型、牛群管理条件等而定。一般草场每季度可轮牧 3～4 次，差的草场可轮牧 2 次。优良的草场每公顷（15 亩）可养牛 18～20 头；中等草场每公顷（15 亩）可养牛 15 头；而较差的草场则只能养 3 头牛。

当气候条件好，牧草生长茂盛时，在 1 个季节每 1 小区可以放牧 4 次。即 6 月中旬开始放牧，10 月下旬可以进行最后 1 次放牧。但这时每公顷需施 375 千克氮肥和 105 千克磷肥。测定放牧后留下的草茬量是表示放牧强度的一种方法。放牧强度小，放牧后留下的草茬多，草场利用不经济，但牛的日增重较高。反之，放牧强度大，放牧后留下的草茬少，草场的利用率高，但牛的增重速度较慢。

2. 优点：采用轮牧的方法草地可以得到休息，减少践踏，增加牧草恢复生长的机会，能较均匀地提供质量好的牧草，并显著地提高了草

场利用率。畜、草量适当相配，不仅能提高养牛的效益，而且可使草地
生产力稳定。

3. 缺点：超载过牧，则会造成草地退化、生产力下降，导致生态
环境恶化。

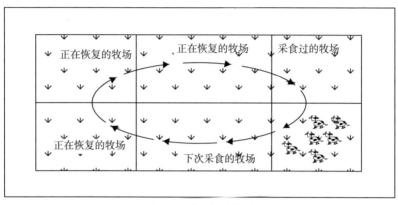

图 107　分区轮牧技术

第四节　育肥技术

一、舍饲肥育技术

1. 技术描述：建造牛舍，限制牛的运动，科学搭配饲料，进行增重目标管理，可提高饲料报酬、日增重和胴体重量（图108）。日粮主要以青贮和精饲料为主。常规精料配方：每天饲喂玉米 2.5 公斤，豆粕 1 公斤，酒糟 15 公斤，稻草或秸秆 3～5 公斤，食盐 40 克，碳酸氢钠（小苏打）100 克，含硒生长素 20 克，多种维生素 35 克。

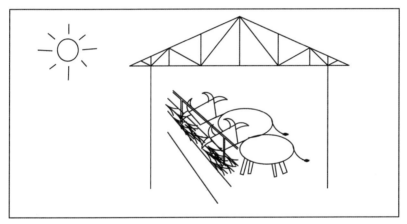

图 108　舍饲育肥技术

2. 优点：可对牛进行精心的饲养管理，避免不良生态环境的影响，有利于对肥育牛按照生理阶段、生产水平进行饲养管理。

3. 缺点：一次性建造畜舍投资较大，饲料、饲草费用高。

4. 主要事项：冬季肥育牛，温度是关键问题，塑料暖圈具有很高的实用价值，采用钢铁或砖构架，覆盖透明塑料膜作为棚顶或向阳面，利用日光能提高圈舍温度，比一般牛舍温度可提高 10 度以上。

当青贮饲料不足时，可采用氨化秸秆饲料部分代替，氨化秸秆制作方法：秸秆铡成 2～3 厘米，100 公斤拌尿素 5 公斤或碳酸氢铵 16.5 公斤加水 40～50 公斤，层层铺入窖中。5～15℃处理 4～7 周，16～30℃处理 7 天即可饲喂，要严格控制每日喂量，不能过多。

二、半放牧半舍饲育肥技术

1. 技术描述：放牧加补饲持续肥育法在牧草条件较好的地域，犊肉牛养殖断奶后，以放牧为主，依据草场情形，适当弥补精料或干草（图109），使其在18月龄体重达400公斤。犊哺乳阶段，平均日增重达到0.9～1公斤。冬季日增重保持0.4～0.6公斤，第2个夏季日增重在0.9公斤，在枯草时节，对杂交肉牛每天每头补喂精料1～2公斤。放牧时应做到合理分群，每群50头左右，分群轮放。在我国，1头体重120～150公斤肉牛需22～30亩草场。放牧时要注意肉牛养殖的休息和补盐。夏季防暑，狠抓秋膘。

图109　半放牧半舍饲育肥技术

2. 优点：既可以节约饲养成本，又可以实行全价饲养，从而有利于提高日增重和胴体质量。

三、放牧—舍饲—放牧持续肥育技术

牧草生长季节白天放牧，早晚补饲干草和蛋白质饲料，枯草季节实行舍饲的饲养方式。此种肉牛肥育方法适应于9~11月出生的牛犊。牛犊出生后随母牛哺乳或人工哺乳，哺乳期日增重0.6公斤，断奶时体重达到70公斤。断奶后以喂粗饲料为主，进行冬季舍饲，自由采食青贮料或干草，日喂精料不超过2公斤，平均日增重0.9公斤。到6月龄体重达到180公斤。然后在优良牧草地放牧（此时正值4~10月份），要求平均日增重保持1.2公斤。到12月龄可达到430公斤。转入舍饲，自由采食青贮料或青干草，日喂精料2~5公斤，平均日增重0.9公斤，到18月龄，体重达490公斤。

四、青草期加尿素肥育技术

1. 技术描述：在牧草生长的春秋季，主要利用牧草和尿素进行短期催肥。选择250公斤左右体重的架子牛进行驱虫后，白天放牧，早晚各补饲一次混有尿素的混合精料。尿素的喂量一般占精料量的1%~3%；或占家畜体重的0.02%~0.05%。其具体喂量是：肥育牛每日平均可喂120~150克；1岁以上的青年牛每日平均可喂50~80克；6个月至1岁的小牛每日平均可喂40~50克。

2. 注意事项：饲喂尿素时，牛羊家畜一般要有2~3周的适应期，开始喂尿素时，应当掌握由少到多，逐渐增加，不要一开始就按规定量喂。同时，每天的喂量应分成2~3次喂，不要1次喂完，与富含碳水化合物的饲料混合喂，效果最好。不能喂尿素的水溶液。尿素不能同生豆子、豆粉及豆科干草混合喂，容易引起氨中毒。

第五节　疫病防控技术

一、日常卫生管理

（1）定期对育肥牛实施免疫接种，一般在架子牛转入育肥区前和出场前 10～15 天进行 2 次免疫接种。

（2）同时按规定适量饲喂一些饲料添加剂（如维生素 A、胡萝卜素、维生素 D、维生素 E、硫胺素、核黄素、泛酸、烟酸、烟酰胺等），以增其抗应激的能力。

（3）每次喂养完毕要将育肥牛牵出圈舍，彻底清扫粪便并刷拭牛体。

（4）每周用 2%～3% 的火碱或石灰水对全场全面喷洒 1 次，牛舍内每周再增加 2 次消毒。3 种以上消毒药交叉使用，以提高消毒效果。

（5）每进场或出场一批活牛时，都要进行一次彻底消毒，消灭传染源和传播途径。

（6）放牧小区不超过 6 天。

（7）每年定期疫苗接种及驱虫。如：无毒炭疽芽孢苗，1 岁以上肉牛皮下注射 1 毫升，1 岁以下 0.5 毫升；炭疽芽孢苗，不论大小均皮下注射 1 毫升或皮内注射 0.2 毫升；牛气肿疽灭活疫苗，不论大小均皮下注射 5 毫升，6 月龄内小牛在满 6 个月时再注射 1 次；牛巴氏杆菌病（出血性败血症）灭活疫苗，体重 100 公斤以下者，皮下或肌肉注射 4 毫升，100 公斤以上者注射 6 毫升；布鲁氏菌 19 号活菌苗，6～8 月龄皮下注射 5 毫升；布鲁氏菌猪型 2 号弱毒疫苗，皮下或肌肉注射 5 毫升；布鲁氏菌羊型 5 号苗，皮下或肌肉注射 2.5 毫升；魏氏梭菌联合苗，皮下注射 1.5～2 毫升；肉毒梭菌（C 型）灭活苗，皮下注射，常规苗每头 10 毫升，透析苗每头 2.5 毫升；牛口蹄疫 O 型灭活疫苗，肌肉注射，12 月龄以内每头注射 2 毫升，24 月龄以上每头注射 3 毫升；牛流行热灭活疫苗，颈部皮下注射，成年牛 4 毫升，6 月龄以下犊牛 2 毫升。

二、口蹄疫

1. 症状描述：口腔、鼻、舌、乳房和蹄等部位出现水泡，12～36小时后出现破溃；体温升高达 40～41℃；该病在成年牛中一般死亡率不高，在 1%～3% 之间，但犊牛由于发生心肌炎和出血性肠炎，死亡率很高。

2. 防治方法（图 110）：

(1) 保持圈舍清洁卫生，每 15 天用石灰水消毒 1 次。

(2) 按免疫程序注射口蹄疫苗。注射 15 天后产生免疫力。

(3) 一旦发生疫情，立即实行隔离封锁。对健康牛群进行紧急免疫注射，对病畜及其同圈的进行扑杀和无害化处理，用 3% 的火碱对污染的圈舍、场地、用具等进行消毒。同时，做好病畜粪便的堆积发酵处理工作。

(4) 及时报告上级主管部门。

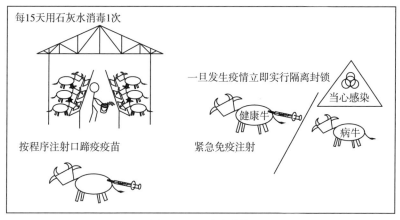

图 110　口蹄疫防控

第二章

养羊技术

　　蒙甘宁干旱草原区养羊历史悠久，养羊业是当地农牧民经济收入的主要来源，养殖的品种主要包括苏尼特羊、乌珠穆沁羊、内蒙古白绒山羊、滩羊、中卫山羊、黑山羊等品种，养殖方式也主要以传统的放牧为主。近几年随着生态环境的恶化，国家在牧区广泛推行了草原牧区禁牧、休牧、轮牧等草原生态保护建设相关措施，导致饲养方式正在由粗放放牧逐步向舍饲和半舍饲转变，对养羊技术提出了更高的要求。本部分内容结合蒙甘宁干旱草原的生产实际，分别从品种介绍、繁育技术、放牧技术、补饲技术和疫病防控技术5个方面，对于如何提高该地区的养羊效益进行了简单扼要的简述，并绘制了相应的技术示意图，以期为基层技术人员和农牧民解决干旱草原养羊生产过程中遇到的实际技术问题提供参考。

第一节　羊品种介绍

一、苏尼特羊

　　1. 品种特征（图111）：主要产于内蒙古锡林郭勒盟苏尼特左旗、苏尼特右旗，乌兰察布市四子王旗，包头市达尔罕茂明安联合旗及巴彦淖尔市乌拉特中旗等。苏尼特羊体质结实，结构匀称，公、母羊均无角，大小适中，鼻梁隆起，耳大下垂，眼大明亮，颈部短粗。种公羊颈部发达，毛长达15～30厘米。背腰平直，体躯宽长，呈长方形，尻高稍高于鬐甲高，后躯发达，大腿肌肉丰满，四肢强壮有力，脂尾小呈椭圆形，中部无纵沟，尾端细而尖向一侧弯曲。被毛为异质毛，毛色洁白，头颈部、腕关节和胕关节以下部位和脐带周围有有色毛。

2. 生产性能：苏尼特羊成年公羊平均体重 78.83 公斤，成年母羊 58.92 公斤；育成公羊平均体重 59.13 公斤，育成母羊 49.48 公斤。10 月份屠宰，成年羯羊、18 月龄羯羊和 8 月龄羔羊，胴

图 111　苏尼特羊

体重分别为 36.08 公斤，27.72 公斤和 20.14 公斤，屠宰率分别为 55.1％，50.09％和 48.2％。经产母羊的产羔率为 110％左右。苏尼特羊 1 年剪 2 次毛，成年公羊平均剪毛量为 1.7 公斤，成年母羊 1.35 公斤，周岁公羊 1.3 公斤，周岁母羊 1.26 公斤。

3. 饲养要点：由于其主产区地处蒙古高原南部，地貌类型由高原、平原、丘陵、沙地和湖盆低地组成，因此，该品种饲养主要以全年天然草场放牧为主，在母羊妊娠后期、泌乳期及种公羊配种前期给予适当补饲。

二、乌珠穆沁羊

1. 品种特征 （图 112）：乌珠穆沁羊主要分布在内蒙古锡林郭勒盟东乌珠穆沁旗和西乌珠穆沁旗，以及毗邻的锡林浩特市、阿巴嘎旗部分地区。乌珠穆沁羊体质结实，体格高大，体躯长，背腰宽平，肌肉丰满。公羊多有角，呈螺旋形，母羊多无角，耳大下垂，鼻梁隆起。胸宽深，肋骨开张良好，胸深接近体高的 1/2，背腰宽平，后躯发育良好，有较好的肉用羊体型。尾肥大，尾

图 112　乌珠穆沁羊

中部有一纵沟，将尾分成左右两半。毛色全身白色者较少，约占10%左右，体躯花色者约11%，体躯白色、头颈黑色者占62%左右。

2. 生产性能：乌珠穆沁羊成年公羊60～70公斤，成年母羊56～62公斤，平均胴体重17.90公斤，屠宰率50%左右，平均净肉重11.80公斤，净肉率为33%。6月龄羯羊屠宰前平均活重35.7公斤，胴体重17.9公斤，净肉重11.8公斤，尾及内脏脂肪重2.55公斤。乌珠穆沁羊年剪毛2次，产毛量低，毛品质差，为异质毛。成年公、母羊年平均剪毛量为1.9公斤和1.4公斤；周岁公、母羊为1.4公斤和1.0公斤。净毛率平均为72.3%（60%～88%）。繁殖力不高，平均产羔率100.69%，双羔率仅为0.69%。

3. 饲养要点：乌珠穆沁羊的饲养管理极为粗放，终年放牧，不补饲，只是在雪大不能放牧时稍加补草，在母羊妊娠后期、泌乳期及种公羊配种前期给予适当补饲。

三、巴美肉羊

1. 品种特征（图113）：主要分布在内蒙古自治区西部巴彦淖尔市的乌拉特前旗、乌拉特中旗、五原县和临河区等。该品种体格较大，无角，早熟；体质结实，结构匀称，胸宽而深，背腰平直，四肢结实，后肢健壮，肌肉丰满，呈圆桶型，肉用体型明显；被毛同质白色，闭合良好，密度适中，细度均匀，

图113　巴美肉羊

无角，头部毛覆盖至两眼连线、前肢至腕关节、后肢至腓关节。

2. 生产性能：成年公、母羊平均体重为101.2公斤和60.5公斤；育成公、母羊平均体重为71.2公斤和50.8公斤；公羔初生重平均为4.7公斤，母羔平均为4.32公斤。6月龄羔羊平均日增重230克以上。6月龄羯羊胴体重24.95公斤，屠宰率51.13%。成年公羊产毛量、毛长度、毛细度、纤维强力和净毛率分别为6.85公斤、7.90厘米、

22.54 微米、7.83 克和 48.42%；成年母羊上述指标分别为 4.05 公斤、7.43 厘米、21.46 微米、7.42 克和 45.17%。巴美肉羊繁殖率较高，初产年龄为 1 岁，经产羊达到 2 年 3 胎，繁殖率为 150% 以上。

3. 饲养要点：巴美肉羊具有较强的抗逆性和良好的适应性，耐粗饲，觅食能力强，采食范围广，饲养要点主要以农牧区舍饲半舍饲饲养为主，不适合放牧。

四、小尾寒羊

1. 品种特征（图 114）：主要集中饲养在内蒙古自治区中西部、宁夏、甘肃等地区。小尾寒羊体形结构匀称，侧视略成正方形；鼻梁隆起，耳大下垂；短脂尾呈圆形，尾尖上翻，尾长不超过飞节；胸部宽深、肋骨开张、背腰平直。体躯长呈圆筒状，四肢高、健壮端正。公羊头大颈粗，有发达的螺旋形大角，角根粗硬；前躯发达，四肢

图 114　小尾寒羊

粗壮，有悍威、善抵斗。母羊头小颈长，大都有角，形状不一，有镰刀状、鹿角状、姜芽状等，极少数无角。全身被毛白色、异质、有少量干死毛，少数个体头部有色斑。

2. 生产性能：小尾寒羊具有早熟、多胎、多羔、生长快、体格大、产肉多、裘皮好、遗传性稳定和适应性强等优点。4 月龄即可育肥出栏，年出栏率 400% 以上。体重公、母羔羊初生重分别为 3.72 公斤和 3.53 公斤；3 月龄公、母羔分别重 27.08 公斤和 23.68 公斤；6 月龄公、母羊分别重 47.60 公斤和 38.15 公斤；周岁公、母羊分别重 113.92 公斤和 70.10 公斤；成年公、母羊体重分别为 160.52 公斤和 72.30 公斤。小尾寒羊成年公羊年剪毛量 5.1 公斤，母羊 2.4 公斤。群体平均产羔率 270%。

3. 饲养要点：小尾寒羊适应性强，能够在内蒙古、甘肃、宁夏地

区很好饲养。饲养要点主要以农牧区舍饲半舍饲饲养为主，不适合放牧。由于其繁殖率高，因此应该在配种前后加强种公羊及基础母羊的补饲，还应注意采取适当的提高羔羊成活率的措施，加强对缺奶羔羊的补饲。

五、内蒙古白绒山羊

1. 品种特征（图115）：内蒙古白绒山羊是由蒙古山羊经过长期选育而形成的绒肉兼用型地方良种，可分为阿尔巴斯、二狼山和阿拉善白绒山羊3个类型。主产于鄂尔多斯市鄂托克旗、鄂托克前旗、杭锦旗、准格尔旗、达拉特旗，巴彦淖尔市乌拉特中旗、乌拉特后旗、乌拉特前旗、磴口县，阿拉善盟阿拉善左旗、阿拉善右旗和额济纳旗等。内蒙古白绒山羊全身绒毛洁白，光泽良好，分内外

图115　内蒙古白绒山羊

两层，外层为长粗毛，内层为细绒。体质结实，结构匀称，背腰平直，后躯稍高，四肢端正，面部清秀，鼻梁微凹，眼大有神，两耳向两侧展开或半垂，有前额毛和下颌须。公母羊均有角，向后上、外方向伸展，呈倒"八"字形。尾巴短而小，向上翘立。

2. 生产性能：内蒙古白绒山羊成年公羊绒层厚度6.5厘米，产绒量750克，抓绒后体重45千克；成年母羊绒层厚度5.0厘米，产绒量500克，抓绒后体重30千克；周岁公羊绒层厚度4.5厘米，产绒量420克，抓绒后体重25千克；周岁母羊绒层厚度4.5厘米，产绒量400克，抓绒后体重20千克。绒毛细度平均为14.16微米，毛长度平均为17.5厘米和13.5厘米，净绒率为65.5%，其肉质鲜美，屠宰率为45%；母羊产羔率105%以上。

3. 饲养要点：内蒙古白绒山羊以放牧为主，适宜在牧区饲养，对

荒漠、半荒漠草场具有很好的适应性。在配种前后及冬春季节加强种公羊及基础母羊的补饲。

六、杜泊羊

1. 品种特征（图 116）：根据杜泊羊其头颈的颜色，分为白头杜泊和黑头杜泊两种。这两种羊体驱和四肢皆为白色，头顶部平直、长度适中，额宽，鼻梁隆起，耳大稍垂，既不短也不过宽。颈粗短，肩宽厚，背平直，肋骨拱圆，前胸丰满，后躯肌肉发达。四肢强健而长度适中，肢势端正。

图 116　杜泊羊

2. 生产性能：杜泊羔羊生长迅速，断奶体重大。3.5～4 月龄的杜泊羊体重可达 36 公斤，屠宰胴体约为 16 公斤，品质优良，羔羊平均日增重81～91 克。杜泊羊个体高度中等，体驱丰满，体重较大。成年公羊和母羊的体重分别在 120 公斤和 85 公斤左右。在饲料条件和管理条件较好的情况下，母羊可达到 2 年 3 胎，一般产羔率能达到 150%，在较一般放养条件下，产羔率为 100%。

3. 饲养要点：杜泊羊具有良好的抗逆性，能良好地适应广泛的气候条件和放牧条件；杜泊羊食草性强，对各种草不会挑剔，在大多数羊场中，可以进行放养，也可饲喂其他品种家畜较难利用或不能利用的各种草料。在配种前后应加强种公羊及基础母羊的补饲。

七、多赛特羊

1. 品种特征（图 117）：原产于澳大利亚和新西兰，具有早熟性好，生长发育快、全年发情、耐热、耐干旱等特点，其外貌特征为体型大、肌肉丰满、被毛全白、温顺易管理。具有早熟性强、易育肥、肉质好、繁殖力高的特点。

2. 生产性能：无角多赛特成年公羊体重可达 100～120 千克、母羊

60～80 千克，毛纤维细度27～32 微米，毛纤维长度 7.5～10 厘米，产毛量 2.0～3.0 千克，产羔率 140%～160%。

3. 饲养要点：多赛特羊主要作为羊肉生产的终端父本进行本地羊的杂交，种公羊主要适用于舍饲饲养，配种前应该加强种公羊的调教与补饲；另

图 117　多赛特羊

一方面由于其母羊为非季节性繁育，可使肉羊生产常年进行，因此在配种前后应加强基础母羊的补饲。

八、萨福克羊

1. 品种特征（图 118）：萨福克羊无角，头、耳较长，颈粗长，胸宽，背腰和臀部长宽平，肌肉丰富。体躯被毛白色，脸和四肢黑色或深棕色，并覆盖刺毛。体格大，颈长而粗，胸宽而深，背腰平直，后躯发育丰满，呈桶型，公母羊均无角，四肢粗壮。早熟，生长快，肉质好，繁殖率很高，适应性很强。

图 118　萨福克羊

2. 生产性能：萨福克羊成年公羊体重 100～136 公斤，成年母羊70～96 公斤。剪毛量成年公羊5～6 公斤，成年母羊 2.5～3.6 公斤，毛长 7～8 厘米，细度 50～58 支，净毛率 60% 左右，被毛白色，但偶尔可发现有少量的有色纤维。产羔率 141.7%～157.7%。产肉性能好，经肥育的 4 月龄公羔胴体重24.2 公斤，4 月龄母羔为 19.7 公斤。

3. 饲养要点：特克赛尔羊主要作为羊肉生产的终端父本进行本地羊的杂交，适用于舍饲饲养，配种前应该加强种公羊的调教与补饲。

第二节　繁育技术

一、发情鉴定技术

1. 技术描述：发情鉴定是母羊繁育的一个重要环节，主要通过外部观察、阴道检查和试情的方法来对母羊是否发情进行鉴定。

（1）外部观察法：观察母羊的外部表现和精神状态来判断。母羊在发情时表现为明显的兴奋不安、食欲减退、反刍停止、大声鸣叫、摇尾、外阴部及阴道充血、肿胀、松弛，并排出或流出少量黏液（图119）。

图 119　发情鉴定技术

（2）阴道检查法：阴道检查时，先将母羊绑定好，洗净外阴，再把开腟器清洗、消毒、涂上润滑剂，检查员左手横持开腟器，闭合前端，缓缓从阴门口插入，轻轻打开前端，用手电筒检查阴道内部变化。当发现阴道黏膜充血、红色、表面光亮湿润、有透明黏液渗出、子宫颈口充血、松弛、开张、有黏液流出时，即可定为发情。

（3）试情法：要选择身体健壮，性欲旺盛，没有疾病，年龄 2～5 岁，生产性能较好的公羊。为避免试情公羊偷配母羊，对试情公羊可系试情布（图119），布长 40 厘米，宽 35 厘米，四角系上带子，每当试情时拴在试情羊腹下，使其无法直接交配，也可采用输精管结扎或阴茎移位手术。

2. 优点：及时发现发情母羊，正确掌握配种或人工授精时间，以防误配漏配降低受胎率与产羔率。

二、人工采精技术

1. 技术描述（图 120）：采精是人工授精的第一环节，羊的精液采集常用假阴道采集法。该方法的要点是，采精时先用湿毛巾把公羊阴茎包皮及周围擦拭干净，采精员以右手拿假阴道蹲在台羊右侧，右手横握假阴道，调节钮置于腕处，使假阴道与地面成 35°～40°的角度，当种公羊爬跨母羊伸出阴茎时，操作者后手平稳的将假阴道推向台羊臀部与公羊阴茎平行，前手轻托阴茎包皮迅速地将阴茎导入假阴道内。当发现公羊有向前冲的动作时即已射精，要迅速把装有集精瓶的一端向下倾斜，并竖起集精瓶，送精液到处理室，放气后取下集精瓶，盖好盖，并记录公羊号，放于操作台上进行精液品质检查。

图 120　人工采精技术

2. 优点：可以提高种公羊的利用率，既加速了羊群的改良进程，防止疾病的传播，又节约饲养大量种公羊的费用。

3. 缺点：人工采精训练是一项细致的工作，必须由采精熟练技术员负责进行。

4. 注意事项：严格遵守消毒技术要求，包括场地、器械、羊体，所有采精物品未经消毒不得应用；所用采精器的环境条件必须严格把握，温度要控制在 40～42℃。要严格控制采精频率，对维持公羊的正常性机能，保持健康体质和最大限度地提供精液数量和质量是非常重要的。一般每只公羊每天采 1～2 次，连采 3 天休息 1 天。

三、人工输精技术

1. 技术描述（图 121）：将用生理盐水湿润后的开腔器插入阴道深部触及子宫颈后，稍向后拉，使子宫颈处于正常位置，之后轻轻转动开腔器 90°，打开开腔器，开张度在不影响观察子宫的情况下开张的愈小愈好（2 厘米），否则易引起母羊努责，不仅不易找到子宫颈，而且不利于深部输精。输精枪应慢慢插入到子宫颈内 0.5～1.0 厘米处，插入到位后应缩小开腔器开张度，并向外拉出 1/3，然后将精液缓缓注入。输精完毕后，让羊保持原姿势片刻，放开母羊，原地站立 5～10 分钟，再将羊赶走。

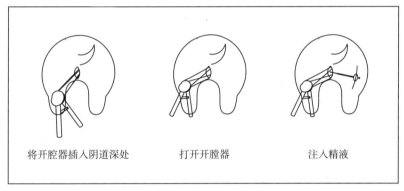

将开腔器插入阴道深处　　　　打开开腔器　　　　注入精液

图 121　人工输精技术

2. 优点：可以提高种公羊的利用率，既加速了羊群的改良进程，防止疾病的传播，又节约饲养大量种公羊的费用。

3. 缺点：必须由采精熟练技术员负责进行。

4. 注意事项：输精人员要严格遵守操作规程，输精员输精时应切记做到深部、慢插、轻注、稍停。对个别阴道狭窄的青年母羊，开腔器无法充分打开，很难找到子宫颈口，可采用阴道内输精，但输精量需增加 1 倍。输精后立即做好母羊配种记录。每输完 1 只羊要对输精器、开腔器及时清洗消毒后才能重复使用，有条件的建议用一次性器具。

四、同期发情技术

1. 技术描述：用外源激素及其类似物对母羊进行处理，人为控制母羊群体在预定的时间内集中发情，以便组织配种，扩大优秀种公羊利用（图122）。羊实用型阴道海绵栓，是以孕酮为主的羊同期发情制剂。使用方法易行，效果可靠，成本低廉，是目前国内较为理想的实用型制剂。

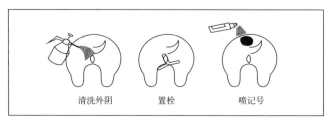

清洗外阴　　　置栓　　　喷记号

图 122　同期发情技术

2. 优点：母羊同期发情、同期配种、同期产羔便于生产者的组织和管理工作。公羊1次射出的精液稀释后，可供50～100只母羊输精。在普通条件下，精液保存的时间不超过3天，如果母羊零散地发情，每次采集的精液只能利用一小部分，不但造成精液浪费，而且增加种公羊不必要的负担和精力消耗。

3. 注意事项：在海绵栓上涂抹专用的润滑药膏，用海绵栓放置器将其放入母羊阴道深部，海绵栓上的尼龙牵引线在阴道外留3～4厘米长，剪去多余的部分。在放置阴道海绵栓的同时，皮下注射苯甲酸雌二醇2微克，可提高诱导发情效果。阴道栓在阴道内放置9～12天后，用止血钳夹住阴道外的牵引线轻轻夹出。撒出阴道海绵栓后2～3天内即可发情，有效率达90%以上。但此法在发情季节初期，效果稍差。如果在撤除海绵栓的同时，配合注射FSH（促卵泡素）25～30国际单位（IU），可提高同期发情效果和双羔率，但剂量不可大于30国际单位（IU），否则可引起反应。泌乳羊由于血中促乳素水平较高，抑制促性腺激素的分泌，在使用海绵栓诱导发情时可配合注射溴隐停2微克（溶于4毫升75%乙醇溶液中，分2次注射，间隔12小时），以抑制促乳素分泌，促进促性腺激素的分泌。

五、超数排卵和胚胎移植（MOET）技术

1. 技术方法描述（图123、图124）：在发情周期的前几天或者以人为的方法使用药物，提高供体羊体内的促性腺激素水平，就会使卵巢上产生较自然状况下数量多十几倍的卵子，在同一时期内发育成熟，以至集中排卵。胚胎移植是对超数排卵处理的母羊（供体），从其输卵管或子宫内取出许多胚胎移植到另一群母羊（受体）的输卵管或子宫内，以达到产生供体后代的目的。目前用作超数排卵的促性腺激素药物主要有以下几种：一是孕马血清促性腺激素（PMSG），另一是促卵泡素（FSH）。

2. 优点：使少数优秀供体母羊产生较多的具有优良遗传性状的胚胎，使多数受体母羊妊娠、分娩而达到加快优秀供体母羊品种的繁殖。

3. 技术程序：供体母羊的选择与饲养管理→供、受体母羊同步发情→供体母羊的超数排卵与配种→胚胎回收→胚胎检查鉴定→胚胎保存或移植。

4. 注意事项：胚胎的回收与移植按照部位分为输卵管冲胚移植和子宫角冲胚移植（图123）。

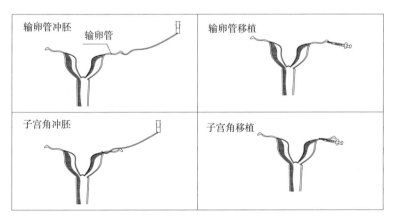

图123　超数排卵和胚胎移植（MOET）技术

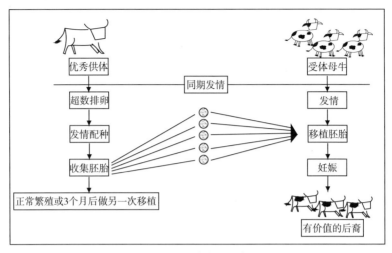

图 124　胚胎移植示意图

六、诱发分娩技术

1. 技术描述（图 125）：在妊娠末期的一定时间内，注射激素制剂，诱发孕羊妊娠终止，在比较确定的时间内分娩，产出正常的仔畜，针对于个体称之为诱发分娩，针对于羊群体则称为同期分娩。

图 125　诱发分娩技术

2. 优点：诱发母羊在比较确定的时间内分娩，可人工控制分娩的过程和时间，提高群体的整齐度。

3. 注意事项：在妊娠的最后 1 周内，用糖皮质激素进行诱发分娩，在羊妊娠的 144 天，注射 12～16 毫克地塞米松，多数母羊在 40～60 小时产羔，或对妊娠 141～144 天的羊，肌内注射 15 毫克前列腺素或 0.1～0.2 毫克氯前列烯醇，有效地诱以母羊在处理后 3～5 天产羔。

七、本品种选育技术

1. 技术描述（图 126）：在一个品种内部通过选种选配、品系繁育、改善培育条件等措施，来提高品种生产性能的一种方法。

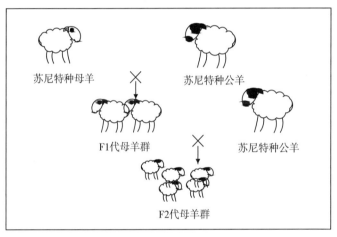

图 126　本品种选育技术

2. 优点：保持和发展品种的优良特性，增加品种内优良个体的比重，克服该品种的某些缺点，达到保持品种纯度和提高整个品种质量，进一步提高生产性能。

3. 注意事项：本品种选育是当地方品种基本满足当地需要，无需作重大方向性改变时，在品种内部通过羊群整顿、选优淘劣、精心选配、品系繁育、改善培养条件等措施，逐步提高本品种的生产水平的过程。在此过程中，必要时也可引入少量的外血，以纠正本品种的某一缺点或大幅度的提高生产水平，但外血不能超过 1/4～1/8。

八、经济杂交技术

1. 技术描述（图 127）：杂交就是两个或者两个以上不同品种或品系间公、母羊的交配。杂交是引进外来优良遗传基因的主要方法，是克服近交衰退的主要技术手段，杂交产生的杂种优势是生产更多更好羊产品的重要途径。

经济杂交主要以获得第一代杂种羊为目的，在于生产更多更好的肉、毛、奶等养羊业产品。但是这种杂种优势并不总是存在的，所以经济杂交效果的好坏也要通过不同品种杂交组合试验来确定，以选出最佳组合。

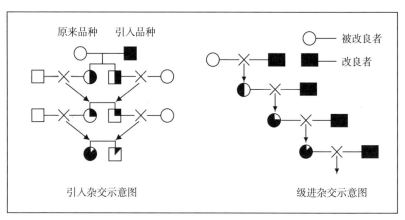

图 127　经济杂交技术

2. 优点：利用杂交可改良生产性能低的品种，创建新品种；杂交还能将多品种的优良特性结合在一起，创造出原来亲本所不具备的新特性，增强后代的生活力；可利用杂种优势提高生产性能。

3. 注意事项：一定要根据自己的羊群实际情况和杂交目的，选择不同的杂交改良方法。目前，在蒙甘宁地区主要以引入品种杜泊羊和多赛特羊为父本，以本地羊为母本开展经济杂交，以获得最大的养殖效益。

第三节　放牧技术

一、分群放牧技术

1. 技术描述：按公母分为羔羊、育成羊、成年羊和羯羊群（图128），一般以 300～500 只左右为大群，200～300 只左右为中群，200只以下为小群比较适宜。若饲养种羊，还应按种公羊、基本母羊、后备公羊、羯羊及淘汰羊分群，种公羊群以中群为宜。

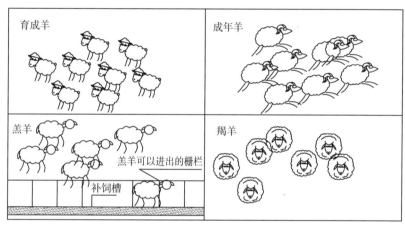

图 128　分群放牧技术

2. 优点：合理组织羊群是科学放牧饲养绵羊、山羊的重要措施之一，主要表现在有利于羊只的选留和淘汰、合理利用和保护草场、不断提高羊群生产力等方面。

3. 缺点：分群放牧后需要的劳动力会有所增加。该技术适用于数量较大的羊群，数量较小时不适用。

二、放牧地的选取与划分技术

1. 技术描述：根据牧草的生长情况、羊群对营养的需要和寄生虫的流行动态等，可将放牧草场分为若干小区，羊群按一定的顺序在小区内进行轮回放牧（图 129）。

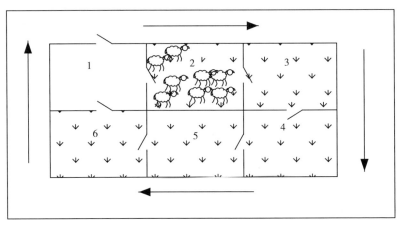

图 129　放牧地的选取与划分技术

2. 优点：能合理利用和保护草场，提高草场的利用效率，节约了饲草料资源；小区轮牧能将羊群控制在小区范围内，减少了游走所消耗的体力，生长速度增快；能控制体内寄生虫的感染。

3. 缺点：该方法不适用于零星牧地，需要设置围栏，相应的增加了经济投入。

4. 注意事项：划分小区根据放牧羊只的数量和放牧时间，以及牧草的再生长速度情况划分每个小区的面积和轮牧 1 次的小区数。轮牧 1 次一般划定 6~8 个小区，羊群每隔 3~6 天轮换 1 个小区。

三、放牧方式

1. 技术描述：根据季节、草场和牧草的生长情况，选择适宜的放牧手段进行放牧。

2. 分类及适用范围：

（1）满天星：将羊只均匀地散放，不受限制地让羊自由采食（图130）。多用于牧草丰茂季节和炎热的夏季。

（2）一条鞭：将羊排列成一横队，放牧员一前一后控制羊群前进速度和向两边走散及掉队（图130）。多在青草初生的季节采用。

满天星　　　　　一条鞭

图130　放牧方式

（3）等着放：放牧员把羊群赶上路后，超捷径到预定羊群到达的终点等待羊群放牧。多在草少或枯草季节使用。

（4）分区轮牧：把牧地划分为若干小区，再按一定次序轮回放牧。这种方法是经济实用的好方法（详见放牧地的利用与划分）。

3. 注意事项：不管采用何种放牧队形，放牧员都应做到"三勤"（腿勤、眼勤、嘴勤）、"四稳"（出牧稳、放牧稳、收牧稳、饮水稳）、"四看"（看地形、看草场、看水源、看天气），宁为羊群多磨嘴，不让羊群多跑腿，保证羊一日三饱。否则，羊走路多，采食少，不利于抓膘。

四、四季放牧羊群管理技术

1. 技术描述：四季放牧应针对羊只"夏肥、秋壮、冬瘦、春死"的季节性特点，根据不同季节的气候、草场等状况，有所侧重地科学安排。

2. 分类及适用范围（图131）：

（1）春季放牧：春季气候渐暖，枯草返青，是羊由舍饲转入放牧的过渡时期。放牧的主要任务是恢复膘情。春季放牧要避免过多奔跑，消耗体力太大。春季气候不稳，忽冷忽热，故要晚出早归，中午休息。

（2）夏季放牧：气候变得炎热、雨水充足，牧草生长茂盛，适口性好，消化率高。放牧的主要任务是抓好肉膘。夏季放牧要选地势高燥的地方。羊群宜晚出晚归，中午不休息，供足盐、饮好水，每日放牧时间应在10小时以上，必要时可夜牧。要防蚊蝇、防中暑、防淋雨和防跌伤，保证羊群充分采食。

（3）秋季放牧：秋季天高气爽，气候适宜，雨水较少，牧草结满籽实，营养价值高，羊只食欲旺盛。放牧的主要任务是抓好油膘。早出、晚归，中午休息，防食露水草、毒草等。

（4）冬季放牧：气候寒冷，草叶干枯，草质较差，营养价值低。此时放牧的任务是保膘，处于妊娠、产羔阶段的母羊，还应保胎、保羔，避免流产。放牧时间应短，晚出早归，中午不休息。

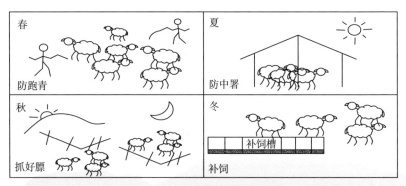

图131 四季放牧羊群管理技术

3. 注意事项：

（1）春季：要防止羊吃不饱到处奔跑即"跑青"。早晚应加喂点干草。做到"出门慢、上坡紧、中间等、归牧赶"的放牧方法。怀孕母羊要防止流产。

（2）夏季：坚持早晚放羊，中午歇羊（在树荫下或舍内休息）；上午放西坡、下午放东坡。防止暴晒和暴雨袭击。傍晚收牧时等羊舍内热气散发后再赶羊进舍。

（3）秋季：采用"小雨照常放牧，中雨坚持放牧，大雨抓紧放牧，停雨立即放牧"和早出晚归，晴天远放的方法。

（4）冬季：选择阳坡和较低的牧地放牧。注意防寒保暖、保膘、保胎。

（5）给肉羊喂盐既可促进食欲，又可供给氯和钠元素。在栏内放置盐砖，让羊自由舔食。充足饮水也能使羊只保持良好的食欲，有助于草料消化吸收。

第四节 补饲技术

一、种公羊的补饲技术

1. 技术描述（图 132）：该方法的要点是从配种前 1 个半月开始，要根据种公羊的体况和精液的数量及质量等，适当增加精料，使之在配种期达到所规定的标准，补饲一般在每天早上出牧前或晚上归牧后进行。在配种旺季，每天应补饲混合精料 1.5～2 公斤，其中油饼类占 1/3，其余部分喂给玉米、麸皮、大麦、瓜干等，也可利用青草或优质青干草等。在缺乏青草时，每天应补给胡萝卜或南瓜等多汁饲料 1 公斤，以保证维生素需要量。另外，每天还应喂给食盐 15 克、磷酸氢钙 15 克，必要时需补饲鸡蛋 1～2 个或脱脂奶粉 500 克左右。配种期结束后，精料可逐渐减少。

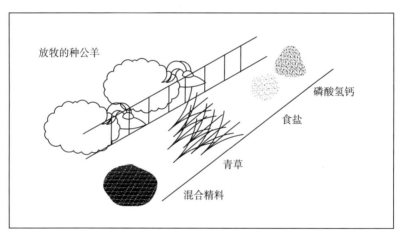

图 132　种公羊的补饲技术

2. 优点：通过补饲除供给必需的热能外，还保证了蛋白质、维生素和矿物质的均衡供给，使种公羊保持中上等膘情，营养良好，健壮活泼，精力充沛，性欲旺盛，精液品质优良，能出色完成配种任务。

3. 注意事项：种公羊要单独组群放牧和补饲，不能与母羊混饲。种公羊圈舍要宽敞坚固，保持清洁、干燥，并定期消毒。种公羊最好不要关或拴在一起，以免相互斗殴。公羊配种或采精后要和其他羊隔离，让其安静休息。种公羊还要定期进行检疫、预防接种及防治体内外寄生虫，平时也要仔细观察种公羊的精神状态、食欲等情况，发现异常，立即请兽医诊治。

二、母羊的补饲技术

1. 技术描述：根据母羊不同的生理时期采取相应的补饲措施。在配种前，对个别体况不良的母羊，应实行短期优饲（15～20 天），补给一定量的精料和多汁饲料，使母羊达到较好的膘情。

（1）母羊的妊娠期一般为 150 天左右，可分为妊娠前期和妊娠后期。妊娠前期是妊娠后的前 3 个月，此期胎儿发育较慢，所需营养较少，但要求能够继续保持良好膘情。日粮可由 50％青绿草或青干草、40％青贮或微贮、10％精料组成。妊娠后期是妊娠后的最后 2 个月，此期胎儿生长迅速，增重最快，初生重的 85％是在此期完成的，所需营养较多，应加强饲养。除正常放牧外，每天补饲干草 1～1.5 千克、精料 250～300 克、磷酸氢钙 15 克（图 133）。

（2）哺乳期：母羊产羔后，为保证有充足的乳汁，在哺乳前期要供给比较丰富的饲料，每天每只供给混合精料 0.5 千克、干青草 2.5～3 千克，同时补饲多汁饲料 0.5～1 千克，食盐和磷酸氢钙等也不可缺少，并供给充足的饮水，以促进乳汁的分泌（图 134）。到哺乳中后期，可将精料减至 0.3 千克，日喂干草 1.5～2 千克。

2. 优点：通过补饲使母羊群保持良好的膘情，发情集中，受胎率高，缩短配种期，提高多胎率。

3. 注意事项：禁喂发霉、变质和有毒饲草，禁空腹饮冰水，补饲时要防止互相挤压。严寒季节补饲时，要在暖棚内进行。

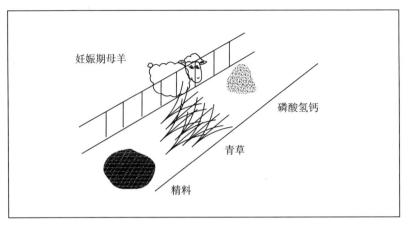

图 133　妊娠期母羊的补饲技术

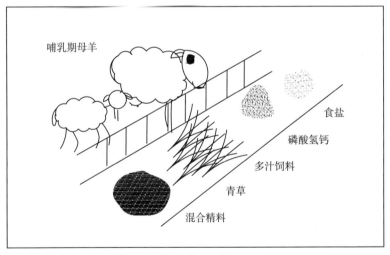

图 134　哺乳期母羊的补饲技术

三、羔羊的补饲技术

1. 技术描述：隔栏补饲的时间一般在羔羊 15～21 日龄开始补料，可先饲喂代乳粉，开食料，之后进行补饲的粗饲料以苜蓿干草或优质青干草为好，用草架让羔羊自由采食（图 135）。精饲料主要有玉米、豆饼、麸皮等，1 月龄前的羔羊补喂的玉米以大碎粒为宜，此后则以整粒玉米为好。要注意根据季节调整粗饲料和精饲料的饲喂量。以下饲料配方供生产中参照使用：玉米 60%，燕麦或大麦 20%，麸皮 10%，豆饼 10%。每 10 公斤混合料中加金霉素或土霉素 0.4 克，磷酸氢钙少量，整粒拌匀。也可把以上原料按比例混合制成颗粒料，直径以 0.4～0.6 厘米为宜。

2. 优点：加快羔羊生长速度，缩小单、双羔及出生稍晚羔羊的大小差异；为以后提高育肥效果尤其是缩短育肥期打好基础，对 5～7 月份羊肉生产淡季供应起到填补作用；同时减少羔羊对母羊索奶的频率，使母羊泌乳高峰期保持较长时间。

3. 缺点：补饲初期工作量较大，需加大人力引导羔羊进行补饲。

4. 注意事项：①如产羔期持续较长，羔羊出生不集中，可以按羔羊大小分批进行。②准备适宜数量的隔栏。隔栏面积每只羔羊 0.15 米²；进出口宽约 20 厘米，高度 40 厘米，以不挤压羔羊为宜。对隔栏进行清洁与消毒。③开始补饲时，白天在饲槽内放些许玉米和豆饼，量少而精，掌握少喂勤添的原则。每天不管羔羊吃净没有，全部换成新料。待羔羊学会吃料后，每天再按日进食量投料。一般最初的日进食量为每只 40～50 克，30 日龄达到每只 70 克，羔羊 90～110 天即可断奶，日进食量达到 250～300 克，全期消耗混合料 8～10 公斤。投料时，以每天放料 1 次、羔羊在 30 分钟内吃净为佳。时间可安排在早上或晚上，但要有较好的光线。饲喂中，若发现羔羊对饲料不适应，可以更换饲料种类。

图 135　羔羊的补饲技术

四、断奶羔羊快速育肥技术

1. 技术描述：羔羊育肥主要指断奶后羔羊的育肥，具有生产周期短，生长发育快，饲料报酬高，便于组织生产等特点。

羔羊舍饲育肥前准备（图 136）：为防止羔羊断奶后生活环境、饲料等改变而发生应激反应，应在转入育肥舍前暂停给水给料，空腹一夜。羔羊进入育肥圈后的 2～3 周，应减少惊扰，使羊只得到充分休息。开始 1～2 天只喂一般易消化的干草，并保证羔羊饮水。将羔羊按体格大小分组，并进行驱虫和预防性注射。

预饲期的饲养管理要点（图 137）：① 使用普通饲槽饲喂，1 日 2 次。饲槽长度按照羔羊的多少来定，平均每只羔羊为 25～30 厘米，保证羔羊在投喂时都能到饲槽吃食。投喂量以在 30～45 分钟内吃尽为准，量不够再添，量多要清扫。② 羔羊采食时要注意观察羔羊的采食行为和习惯，注意羔羊大小、品种和个体间的采食差异，通过调整加以照顾。③ 加大饲喂量和变换日粮配方都应在 2～3 天内完成，切忌变换过快；④ 根据羔羊表现，发现所用日粮不够完善，应调整饲料种类和饲喂方案。

图 136　断奶羔羊快速育肥技术（育肥前准备）

图 137　断奶羔羊快速育肥技术（预饲期）

正式育肥期（图 138）：预饲期结束，进入正式育肥期。根据育肥计划和增重要求确定日粮类型，即精饲料类型日粮、粗饲料类型日粮和青贮饲料类型日粮。

（1）粗饲料类型日粮：这里只介绍干草加玉米（二者比例为60∶40）的育肥日粮，适用于普通饲槽和人工投喂的条件。玉米可以用整粒籽实，也可以用带穗全株玉米。干草要以豆科牧草为主的优质干草，蛋白质含量不低于 14%。具体配方表见表 14。

图 138　断奶羔羊快速育肥技术（正式育肥期）

表 14　粗饲料类型日粮

项目	中等能量	低等能量
玉米粒（千克）	0.91	0.82
干草（千克）	0.61	0.73
豆饼（克）	23	—
抗生素（毫克）	40	30
本日粮（风干状态）含（%）		
蛋白质（%）	11.4	11.29
总消化养分（%）	67.3	64.9
消化能（兆焦/千克）	12.34	11.97
代谢能（兆焦/千克）	10.13	9.83
钙（%）	0.46	0.54
磷（%）	0.26	0.25
精料∶粗料	60∶40	53∶47

注意事项：① 日粮严格按照渐加慢换原则，逐步转向育肥日粮的全喂量。② 达到全喂量后，将总量均分成 2 份，早、晚各喂 1 次。③ 每次给料时，先喂玉米和蛋白质补充料（豆粕），吃完后再给干草。④ 饲草保持清洁，注意饲草卫生。⑤ 注意观察羔羊采食情况和统计进食量，定期称重。

（2）青贮类型日粮：以玉米青贮饲料为主，占到日粮的 67.5%～87.5%。它不适用于短期强度育肥羔羊，可以用于育肥期多于 80 天的小羔羊。供参考日粮配方：碎玉米粒 27%，青贮玉米 67.5%，豆饼 5.0%，石灰石粉 0.5%，维生素 A 和维生素 D 分别为 1 100 国际单位和 110 国际单位，抗生素 11 毫克。此配方风干饲料中含粗蛋白质 11.31%，总消化养分 70.9%，钙 0.47%，磷 0.29%，精粗比为 67∶33。

注意事项：① 羔羊先喂 10～14 天预饲期日粮，再转用青贮类型育肥日粮。② 开始时适当控制喂量，逐日增加，10～14 天内达到全量。③ 按配比操作，混合必须均匀。④ 每天清扫饲槽，保持清洁。⑤ 要达到预计日增重，羔羊每日进食量不低于 2.30 千克。⑥ 石灰石粉不可少，按规定量上下拌匀。⑦ 饲料要过磅称重，不能估计重量。

（3）全精料类型日粮：为了保证羔羊每日摄入一些粗纤维，采用全精料育肥时，可以另给少量秸秆，每只每天 45～90 克。全精料类型育肥日粮只适用于体重在 35 千克左右的健壮羔羊育肥用，通过强度育肥，40～55 天达到 48～50 千克上市体重。具体配方：玉米粒 96%，蛋白质平衡剂 4%（蛋白质平衡剂成分为：苜蓿 62%、尿素 31%、粘应剂 4%、磷酸氢钙 3%），矿物质自由采食（矿物质成分为：石灰石 50%、氯化钾 15%、硫酸钾 5%、微量元素盐 28%）。如果本地区已知缺乏一些微量元素，应加入相应微量元素。配制的全精料型日粮，1 公斤风干饲料含蛋白质 12.5%，总消化养分 85%。

注意事项：① 进圈育肥的羔羊必须是活重 35 千克左右的健壮羔羊，不合格的不易进行强度育肥。② 让羔羊习惯采食不宜少于 10 天，之后才能转用自动饲槽。③ 在适当地点安置水槽，保证不断水，对一些购自外地的羔羊，饮用水中还要加一些抗生素，连服 5 天。④ 羔羊进圈休息 3～5 天后注射四联苗，最好等 17～20 天再注射 1 次。⑤ 育肥前要驱虫，有利于增重。⑥ 天热时一部分自动饲槽放在阴凉处。⑦ 所有自动饲槽内的饲料不能留空吃光，保证羔羊随到随吃。

2. 优点：方法灵活多样，实用性强，均可达到快速育肥效果。

3. 缺点：以上日粮配方均含一定的抗生素，但要注意量的把控。

五、育成羊的补饲技术

1. 技术描述：要保证有足够的干草或秸秆，每天补饲混合精料200～250克，夜间补饲青干草1公斤。种用小母羊每天补饲混合精料500克，种用小公羊补饲600克。补饲高能量高蛋白质精饲料时，应选择瘤胃降解率低的饲料，如玉米、鱼粉等，或经"过瘤胃技术"处理的精饲料，可促进育成羊对低质粗饲料的采食量。补饲饲料的顺序：先喂少量适口性好的精饲料，然后喂粗饲料，可促进食欲，提高粗饲料的采食量。

2. 优点：育成期的幼龄羊由于生长旺盛，营养贮备能力低，通过补饲可提供维持生命活动和生长的营养需要。

3. 注意事项（图139）：①进入枯草期以前，对育成羊普遍进行一次驱虫。②食盐同矿物质、微量元素一起拌在精料中喂给，保证饮水供应，让羊吃饱饮足，休息好。③补饲量应控制在进入干物质总量的20％以内，成年羊每只日喂量不超过0.6公斤。严寒季节补饲时，要在暖棚内进行。

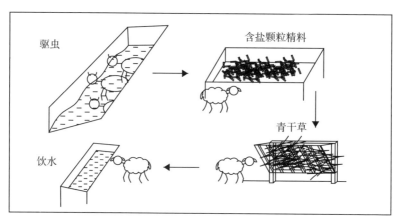

图139　育成羊的补饲技术

六、成年羊的育肥技术

1. 技术描述：成年羊的育肥主要指对 1 岁以上的绵羊、山羊，通过 60～75 天舍饲育肥，体重增加 15 千克即可屠宰。整个育肥期可分为适应期、过渡期和催肥期 3 个阶段：①适应期：育肥羊由放牧地转入舍饲处开始有一个过渡阶段，时间 10 天左右，主要任务是熟悉适应环境。日粮以品质优良的粗饲料为主，精粗比为 3∶7。②过渡期：这个时期有 25 天左右，任务是适应精饲料日粮，防止膨胀、拉稀、酸中毒等疾病的出现。日粮精粗比为 6∶4。③催肥期：时间约 30 天，通过提高精料比例（一般可达到 25％），进行强度育肥，饲料的饲喂次数由 2 次改为 3 次，尽量让羊多吃，使日增重达到 200～250 克。

2. 注意事项（图 140）：①按体重大小和体质状况分群，一般是把相近情况的羊只放在同一群育肥。②做好防疫驱虫工作，对待育肥羊只注射羊猝疽、羊快疫、羊肠毒血症三联苗和驱虫，同时圈内设置足够的水槽和料槽，并进行环境（羊舍及运动场）清洁与消毒。③舍饲羊饲草种类单一，营养元素无法互补，经常出现吃土舔墙土现象。所以，除精饲料中按 1‰ 添加食盐外，每 10 天补盐 1 次，每只羊按 10 克补喂大粒盐，方法是将整粒盐撒在槽内让羊自由舔食。也可在饲槽内放上盐砖，让羊自由舔食。④实行三定三勤两慢一照顾，即定时、定量、定圈，勤添、勤拌、勤检查，饮水慢、出入圈慢，分别对病羊及膘情特别差的羊只予以照顾。

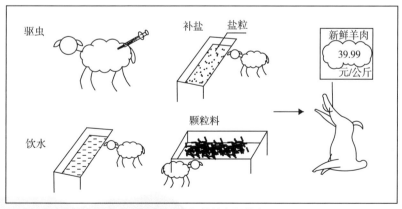

图 140　成年羊的育肥技术

第五节　疫病防控技术

一、防疫技术

1. 技术描述：根据某些传染病的发生规律，将有关疫苗按科学的免疫程序，有计划地给羊群接种，使羊获得对这些传染病的免疫力。从而达到控制、消灭传染源的目的。

（1）疫苗的种类和剂型：

① 疫苗的种类有：弱毒活疫苗、灭活疫苗、提纯的大分子疫苗、基因工程重组亚单位疫苗、基因工程重组活载体疫苗、基因缺失疫苗、核酸疫苗、合成肽疫苗与表位疫苗、抗独特性疫苗、转基因植物疫苗、多价苗和联苗。

② 剂型主要有：真空冻干苗、加氢氧化铝灭活苗、加油佐剂灭活苗、湿苗。疫苗的种类虽然很多但我们常用的主要是：弱毒活疫苗、灭活疫苗、多价苗和联苗。

（2）免疫途径：在养羊生产中，最常用的免疫接种途经为注射，分皮内、皮下和肌肉注射；其次是口服。注射部位主要选择颈部皮下或肌肉。

2. 优点：接种疫苗可以有效地预防和控制羊传染病，降低羊群感染传染病的风险，提高经济效益。

3. 注意事项：

（1）羊不同疾病免疫程序（图141）：

①口蹄疫：对所有羊只进行 O 型-亚洲 I 型口蹄疫二联苗免疫。羔羊 28～35 日龄进行初免，间隔 1 个月后进行 1 次强化免疫，以后每隔 4～6 个月免疫 1 次。大羊每年春秋季各免疫 1 次，剂量按常规进行。育肥羊只可根据基础免疫时间、育肥期及所处季节适当安排加强免疫，保证育肥期内有坚强的免疫力。

②布鲁氏菌病：布鲁氏菌病污染区，除种羊外，其他所有基础群羊只均采用 S2 口服免疫，春季接种，每 2 年免疫 1 次，每只口服剂量为 200 亿活菌，连续免疫 2～3 次，以后视免疫抗体监测及感染发病情况而定。育肥羊只经检疫处理后可不进行免疫。

③羊痘：所有羊只每年 3～4 月接种羊痘弱毒疫苗 1 次，不论羊只

大小，每只皮内注射 0.5 毫升。

④羊梭菌病（羊快疫、羊猝狙、羊肠毒血症、羔羊痢疾、羊黑疫）：所有羊只每年于 2～3 月和 8～9 月分 2 次接种五联苗，不论羊只大小，每只皮下或肌肉注射 5 毫升。

⑤羔羊痢疾：所有怀孕母羊分娩前 20～30 天第 1 次皮下注射羔羊痢疾灭活苗 2 毫升，分娩前 10～20 天第 2 次皮下注射羔羊痢疾灭活苗 3 毫升，羔羊通过吃奶获得免疫。

⑥羔羊大肠杆菌病：3 月龄以下羔羊皮下注射羔羊大肠杆菌灭活苗 0.5～1 毫升，3 月龄至 1 岁羊皮下注射 2 毫升。

⑦羊链球菌病：所有羊只于每年的 3 月、9 月分别接种羊链球菌氢氧化铝菌苗 1 次，6 月龄以下羊背部皮下注射 3 毫升，6 月龄以上羊背部皮下注射 5 毫升。

（2）疫苗的保存：冻干苗和湿苗需放在摄氏零度以下（－4～－15℃），灭活苗保存温度为 5～15℃。

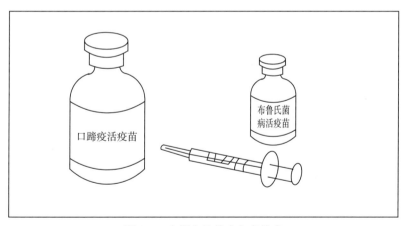

图 141　定期实施技术免疫技术

二、驅虫技術

1. 技術描述: 根據牧場實際情況制定驅虫計劃和驅虫程序,應用驅虫藥物或其他方法將羊體內或羊體表的寄生虫驅除或殺滅,從而達到預防和控制羊寄生虫病,促進羊群正常生長發育,保障羊群健康。

2. 優點: 驅虫對於已發寄生虫病的羊只具有治療作用,對感染而未發病的羊只可以起到預防作用,從而降低羊群感染寄生虫病的風險提高經濟效益。

3. 注意事項:

(1) 消滅和控制感染源:

①季節性驅虫:所有羊只均於每年的3~4月份、10~11月份各進行藥物驅虫1次。驅虫藥物主要為伊維菌素、丙硫咪唑、吡喹酮、硫酸銅等藥物復方制劑或單劑聯用。

②階段性驅虫:對於半舍飼羊只在進行季節性驅虫的基礎上,於當年的6月、8月須進行2次加強驅虫,控制由草場感染的各種蠕虫。對於絨、毛用羊只需在8~9月進行藥浴,以控制外寄生虫特別是各種虱病的傳播(圖142)。

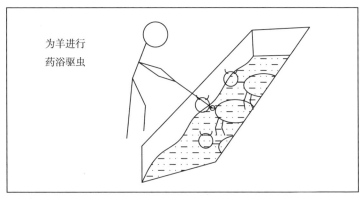

為羊進行
藥浴驅虫

图 142　驅虫技術

③隨時驅虫:對於舍飼育肥羊,每批羊只入場前須全部進行驅虫。育肥期內須進行體內寄生虫監測,根據糞便虫卵水平評價,適時確定加

强驱虫和药物筛选。

（2）搞好环境卫生：搞好环境是减少或预防寄生虫病的重要环节，其目的是阻断寄生虫的传播途径。

①尽可能地减少羊与感染源的接触机会，例如每天清除粪便，打扫羊舍，使羊与寄生虫虫卵及幼虫接触的机会大大减少，从而达到防治目的。

②切断外界环境中的病原体，即将羊粪集中在固定的场所堆积发酵，杀死虫卵和幼虫。

（3）牧场应有完整的记录资料，并妥善保存。一般应包括：羊只品种来源、数量、饲料来源及使用情况、用药及免疫接种、驱虫情况、发病、诊治、处理情况、发病率、死亡率、无害化处理情况、羊只出售情况等。

三、消毒防腐药物的选择与使用技术

1. 技术描述：消毒是用物理或化学方法消灭停留在不同的传播媒介物上的病原体，如细菌病毒等，从而切断传播途径，阻止和控制传染病的发生。对于羊场来说，多应用化学方法进行消毒（图143）。消毒防腐药对多种羊传染病的防治具有重要的作用。但是消毒防腐药种类多，可根据实际需要选用。

图143　消毒防腐药物的选择与使用技术

2. 优点：对多种羊传染病病原体有杀灭和抑制作用，可有效降低羊群感染传染病的风险，降低治疗成本，提高经济效益。

3. 缺点： 当药物剂量达到抑菌或杀菌浓度时，具有刺激性、腐蚀性并有相当强的毒副作用，因此在用于对牧场环境和圈舍的消毒时，注意对羊群健康和人类安全的影响。

4. 注意事项：

①氢氧化钠（苛性钠、火碱）：对细菌、芽孢、病毒杀灭作用强，对寄生虫卵亦有效。2%溶液用于廊舍、车间和运输工具消毒，5%溶液用于杀灭炭疽芽孢。高浓度灼伤组织，对金属制品、绵毛织品及漆面有损伤。

②氧化钙（生石灰）：能杀灭大多数细菌，对芽孢无效；10%～20%石灰乳涂刷墙面、畜栏和地面消毒；干粉撒布走道、排泄物上、粪池周围。石灰乳宜现用现配。

③复合酚（消毒灵、农乐）：广谱、高效消毒剂，可杀灭细菌、霉菌、病毒和多种寄生虫卵。0.35%～1%喷洒，用于畜禽舍、笼具、饲养场地、排泄物消毒。稀释用水不宜低于8℃，禁止与碱性药物及其他消毒药混用。

④漂白粉（含氯石灰）：能杀灭细菌、芽孢、病毒、真菌；5%～10%混悬液喷洒或干粉撒布，用于廊舍、畜栏、饲槽及车辆消毒；在酸性环境杀菌作用强。饮水消毒浓度为0.03%～0.15%；漂白粉有腐蚀作用，不能用于金属及有色棉织物。

⑤过氧乙酸（过醋酸）：具有高效、速效、广谱杀菌作用，对细菌、芽孢、病毒、霉菌均有效。0.5%溶液喷洒消毒畜舍、饲槽、车辆；0.04%～0.2%用于耐腐蚀物品短时消毒；3%～5%溶液喷雾或熏蒸消毒房屋空间；宜现用现配，蒸气有刺激性。

⑥双十烷基二甲溴铵（季铵盐）：杀菌效力强、速效、广谱，对细菌病毒均有效，对人畜安全。0.025%～0.05%溶液动物体表洗涤、冲洗、喷雾消毒，饮水消毒0.0025%～0.01%溶液。忌与碘、碘化钾、肥皂、过氧化物配伍；浸泡器械加0.5%亚硝酸钠防锈。

⑦高锰酸钾：为强氧化剂，有杀菌、祛臭、解毒、收敛作用。0.1%溶液冲洗黏膜、创伤及溃疡；0.02%溶液冲洗膀胱、子宫、阴道；0.02%～1%溶液洗胃，用于生物碱、氰化物中毒。

四、重要的人畜共患病防控技术

(一) 羊布鲁氏菌病

1. 临床症状：布鲁氏菌病（简称布病）的明显症状是流产，母羊怀孕后第3~4个月发生流产，伴有阴道发炎、食欲减退、口渴。但需要与同为流产症状的疾病，如：伪狂犬病、乙型脑炎、钩端螺旋体病等进行鉴别诊断，其主要方法是病原学检测和特异性抗体检测。

人感染布病会有全身不适，疲乏无力，寒战高热，多汗，游走性关节痛为主要表现，伴有泌尿生殖系病症男性患者为多为单侧睾丸炎及附睾炎，女性患者有卵巢炎、子宫内膜炎。

2. 病因：由细菌布鲁氏杆菌引起，通过饲喂有布鲁氏杆菌的饲料或饮水经过消化道感染；与带菌动物配种；以及皮肤创伤后，细菌通过创口侵入动物机体。

3. 防治：

(1) 治疗：布鲁氏杆菌寄生于细胞内，由于一般化学药物无法达到细胞内部，对细菌不能有效杀灭。对患病牲畜一般不予治疗，而是采取扑杀等措施。

(2) 预防：坚持"预防为主"的原则，在未感染的羊群中自繁自养可以有效地控制布病的传播，当必须补充羊群时要严格地执行检疫免疫淘汰患病羊只等措施。布病是人畜共患病（图144），人直接接触病畜

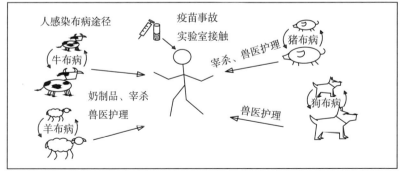

图 144　重要的人畜共患病防控技术（羊布鲁氏菌病）

或其排泄物、阴道分泌物、娩出物，或在饲养、挤奶、剪毛、屠宰以及加工皮、毛、肉等过程中没有注意防护，布氏杆菌可经皮肤微伤或眼结膜受染；食用被病菌污染的食品、水或食生乳以及未熟的肉、内脏均有可能感染布病。因此牧民、基层兽医及人工配种人员要做好自身防护，戴口罩、手套并养成食用熟食的习惯可有效地预防布病。当怀疑患有布病时应尽快到当地医院检查。

（二）口蹄疫

1. **临床症状**（图145）：绵羊口腔症状比较轻微多取良性经过，山羊口腔水泡明显并破溃。无论绵羊、山羊其主要病变在蹄部，出现水泡和溃烂、继发细菌感染可化脓或引起蹄匣脱落，哺乳期羔羊易感，常因发生心肌炎及出血性肠炎而大量死亡，孕羊有流产现象，母羊乳房上有时也出现小水泡。以上症状出现的同时伴有体温升高。

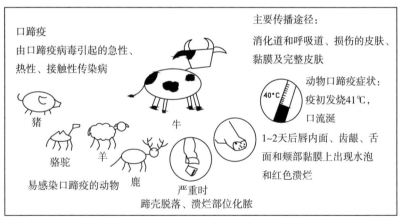

图145　重要的人畜共患病防治技术（口蹄疫）

人受到口蹄疫病毒感染的症状为：发烧，口腔干热，唇、齿龈、舌边、颊部、咽部潮红，出现水疱。皮肤水疱见于手指尖、手掌、脚趾。同时伴有头痛、恶心、呕吐或腹泻。患者数天痊愈，预后良好。有时可并发心肌炎。

2. 病原及病因：是由口蹄疫病毒引起的一种急性热性高度接触性传染病，人畜共患。

3. 预防：

（1）不允许防治，严格捕杀。

（2）严禁从疫区购羊、畜产品等。

（3）发现疫情立即上报、封锁疫区，对环境、圈舍及用具彻底消毒，并紧急预防接种疫苗。

（4）接触口蹄疫病畜及其污染的毛皮，或误饮病畜的奶，或误食病畜的肉品等途径都有可能感染人，患者对人基本无传染性，但可把病毒传染给牲畜动物，再度引起畜间口蹄疫流行。因此牧民、基层兽医及饲养人员要做好自身防护、戴口罩、手套，避免直接接触患畜及污染物，并养成吃熟食的习惯。当怀疑患有口蹄疫时应尽快到当地医院检查以免耽误治疗。

（三）羊脑包虫病

1. 临床症状：初期受感染的羊只，由于幼虫经血液循环到达脑实质中，引起大脑发炎，临床表现出急性症状。有兴奋、乱动或精神沉郁、离群卧底、体温增高等症状。但为时不久，约1周左右就平息下来。而病原并未消除，形成"假愈"现象。这时期常不引人注意。当寄生虫长大脑组织受压迫、萎缩，3～7个月时出现神经症状，或向前直跑，或头顶墙壁不动或头弯一侧旋转。人感染该病会发生头痛、恶心、呕吐、视物模糊、癫痫及颅内压增高症状等临床表现。

2. 病原及病因：羊脑包虫病是多头绦虫的幼虫——多头蚴寄生在羊的脑、脊髓中引起的以脑炎、脑膜炎及一系列神经症状为特征，致死率为100%的严重寄生虫病（图146）。

3. 防治：

（1）手术治疗法，由兽医专业人员进行头部手术治疗。

（2）由于成虫寄生于犬、狼的小肠内，虫卵随粪便排出体外，会污染牧草、饲料或饮水，所以对牧羊犬进行定期驱虫（吡喹酮剂量为5毫克/公斤，皮下注射；或氢溴酸槟榔碱剂量为2毫克/公斤，禁食后12

小时，1 次内服）。排出的犬粪和虫体应深埋或烧毁，防止犬吃到含脑包虫牛、羊等动物的脑及脊髓。

（3）与狗、羊密切接触会加大人感染脑包虫的几率，因此捕杀野犬等；对带虫的牛、羊脑等脏器进行无害化处理；家养的犬拴养（能防止犬自由觅食感染脑包虫）；牧民吃肉要煮熟均可有效地切断羊脑包虫传播途径。当怀疑患有羊脑包虫病时应尽快到当地医院检查以免耽误治疗。

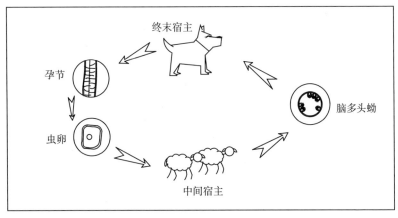

图 146 重要的人畜共患病防治技术（羊脑包虫病）

第三部分 现代草原畜牧业生产经营模式（案例）

第一节　家庭牧场模式

一、内蒙古赤峰市克什克腾旗家庭牧场模式

内蒙古赤峰市克什克腾旗巴达仍贵家庭牧场位于巴彦查干苏木巴彦查干嘎查，5口人，现有110多头牛，100多只羊，打草机、捆草机、大型拖拉机等畜牧业配套设备设施齐全。围封草牧场2万多亩，200多亩饲料基地和2处青贮窖等畜牧业基础设施。

巴彦查干苏木牧民巴达仁贵，自有放牧场和打草场2 800亩，随着养殖规模的扩大，特别是大型农机具的购进，自有的草原不能满足生产需要，也制约了生产的发展。从2008年起，有目的、有计划地承租部分牧民的草场，以自家原有的草场为中心，承租出去打工牧户的草场，牧场劳动招录不能外出打工的牧民，保证无畜户有奶牛养，有奶食吃（图147）。而他的牧场通过规模经营，草场生态得到恢复，环境条件改善。牧场的规模也由原有的几十头发展到牛200头、羊1 000只。

图147　家庭牧草模式

在经营牧场的同时，积极为周边牧民提供牲畜改良、防疫、治疗等技术服务，较好地发挥了引导示范带动作用，使在牧场打工的人员年收入1万元以上。

二、华池县畜牧业养殖家庭牧场建设模式

（1）建立一村一品放牧与舍饲型养殖模式："建立一村一品放牧与舍饲结合型的羊肉、绒、皮生产体系"（图148），世界养羊业长期以来一直以产毛为主，20世纪80年代以后，化纤开始大量替代羊毛，成为纺织工业的主要原料，使世界养羊业的发展方向由以毛生产为主转型变为以肉用生产为主，并且由老羊肉提升到羔羊肉，这是全世界的发展趋势。目前，在中国的肉羊产业也有着巨大的市场优势，尤其是品质优势和价格优势具有较大的市场竞争力。中国是拥有13亿人口的国内大市场，还有中东、阿拉伯国家是潜在的巨大市场，这些地区的消费者偏好肉质略肥口感更香的中国羊肉。而新西兰、澳大利亚羊肉以瘦肉型为主，主要消费市场是在欧美地区，那里的消费者有喜瘦厌肥的偏好。我国草原区，特别是农区，饲料资源广泛而丰富，劳动力充足而廉价，关键在如何实现肉羔羊当年育肥当年出栏。在草原区当年育肥当年出栏，可收到草原生态保护、农民增收和羊肉增值的"三赢"效果。在农区、半农半牧当年育肥当年出栏，可充分利用农副产品剩余物调配饲料资源，特别是玉米及青贮，或农区与牧区结合地、如何发挥季节畜牧业的优势，可收到草原生态保护、种植业增肥、农民增收和羊肉增值等多赢效果，是重要的研究课题，为此，在华池县"建立一村一品放牧与舍饲

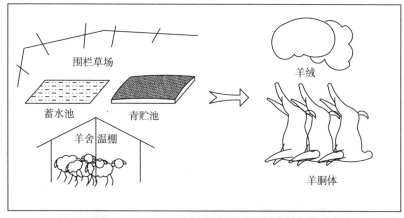

围栏草场

蓄水池　青贮池

羊舍 温棚

羊绒

羊胴体

图148　一村一品放牧与舍饲型养殖模式

结合型的羊肉、绒、皮生产体系"，为同类型区生态环境的保护和畜牧业的发展走出了一条新的路子。

①在悦乐镇杜河村活条沟流域建立绒山羊放牧与舍饲养殖牧场，活条沟流域天然草地围栏面积270亩，发展人工草地105亩，养殖绒山羊200只，建羊舍温棚200米²，管理人员用房60米²，建青贮池、蓄水池3座，年总投资11.2万元，已形成了以肉、绒、皮兼用的绒山羊为品牌的养殖基地，养殖方式是以舍饲养殖为主，放牧养殖为辅的一村一品的养殖模式，年生产羊绒200公斤，价值3万元，出栏胴体羊100只，价值10万元，第2年可收回总投资的60%，从第3年起可获利润8～13万元。

②在柔远镇城关村张老庄流域建立天然草地围栏面积900亩，发展人工草地10公顷，养殖绒山羊和小尾寒羊210只，建羊舍温棚200米²，管理人员用房40米²，建青贮池、蓄水池5座，已形成了以肉、绒、皮兼用的绒山羊和小尾寒羊为品牌的养殖基地。养殖方式是以舍饲养殖为主、放牧养殖为辅的一村一品的养殖模式。在该区肉羔羊拟充分利用杂种优势，其母本是小尾寒羊，因为小尾寒羊具有多胎多羔的高繁殖性能，父本可用当地优良羊品种，这样适应性强，成本低，育肥效果好，经济效益显著。当年实行科学化管理养殖，第2年可收回总投资的65%，从第3年起可获利润6～8万元。以上两种养殖示范模式的建立均有效地保护了生态环境，促进草地的更新与持续发展，经过该模式养殖出栏的胴体羊，饲养周期短，饲料消耗少，产品率高，羊肉鲜嫩无膻味，市场竞争力强，经济效益高。建立的规模化肉羊专业户、专业村示范养殖基地，带动了区域特色产业畜牧业的规模化发展，使畜牧业成为区域经济发展的重要支柱产业。

(2) 发展小规模大群体集约化家庭牧场模式：为了进一步突出区域特色产业畜牧业的发展，华池县在畜牧业的养殖中还推行了小规模大群体集约化家庭牧场养殖模式（图149），以自然村为单元，以养殖户为基础，根据自然草地的生长状况和恢复程度，以草定畜，推行户与户联合，责、权、利明确，管理与利用并重，封禁与改良同步，采用放牧与舍饲结合的养殖模式进行养殖试验。放牧主要是利用多年来建立的柠条、沙棘、山桃等灌木林基地与封育天然草地，在生长的旺盛季节（夏季或秋季）每年有计划的放牧，每次放牧期控制在 7～10 天，放牧强度根据植被覆盖度，分为 3 种指标确定，草地植被覆盖度 50%～65% 放牧强度 2 只（羊）/公顷（15 亩）；65%～80% 放牧强度 4 只（羊）/公顷（15 亩）；大于 80% 放牧强度 6 只（羊）/公顷（15 亩）。目前在华池县已形成规模并进行短期的轮封轮牧利用，灌木林地放牧与舍饲时间比为 1∶5，天然草地放牧与舍饲比例为 1∶4。舍饲养殖主要是利用农作物秸秆及配合饲料饲喂。由于重点养殖区秸秆的生产自 20 世纪 80 年代的 350 万公斤，到目前已达到了 1 200 万公斤，但由于饲喂方法粗放简单，开发利用不合理，利用率仅 20%～35%，损失浪费较大。为此，进行了青贮、微贮、氨化或制作草粉、草捆饲料，使秸秆的利用率提高到 45%～65%。同时结合农副产品加工后的剩余物（粉渣、麸皮、油渣等）配制混合饲料和颗粒饲料，对放牧快出栏的羊只提前 1～2 个月增加配合饲料进行舍饲养殖，促进羊只的快速生长，缩短饲养期，提高出栏率。同时，在饲草饲料配制中为了保持羊肉质量，加大天然牧草的配制比例。通过饲草料的不同配制与处理，对 25 头肉牛 300 天的舍饲养殖试验，50 只羔羊 150 天的舍饲养殖试验表明，日增重比常规养殖提高 35%～43% 效果显著。该项养殖技术模式的建立与实施，不仅缓解了天然草地的压力，促进了退化草地植被的快速恢复与重建，又为畜牧业的发展奠定了良好的基础，也为黄土高原半干旱沟壑丘陵区创出了一条畜牧业产业化发展的新路子。

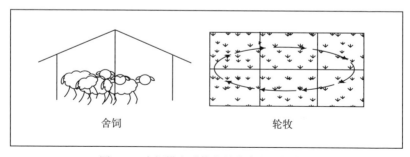

图 149　小规模大群体集约化家庭牧场模式

第二节　联户经营

内蒙古赤峰市联户经营（养羊联合体发展模式）

内蒙古赤峰市草原金峰畜牧集团有限公司（简称：金峰公司）是一家以种羊、肉羊和羊毛生产为主的大型民营羊业企业集团。主要经营范围包括种羊培育推广、肉羊生产销售、细羊毛生产包装、饲草料加工、生物有机肥生产、牛羊屠宰和肉类食品加工等。总部位于内蒙古赤峰市克什克腾旗好鲁库地区，注册资本 5 150 万元，资产总额 1.12 亿元。

金峰公司在浑善达克沙地有 60 万亩优质草牧场，人工草地 2 万亩，饲料地 5 000 亩，封育面积占 90%。草原金峰育种中心核心种群存栏基础母羊 2 万只、种公羊 4 000 多只，是内蒙古最大的肉羊种源基地，具备年供公羊 3 000 多只、母羊 30 000 只、育肥羔羊 35 万只、优质细毛 400 吨生产能力。

内蒙古草原金峰畜牧集团有限公司（简称：金峰公司）于 2002 年创办了"公司＋农户＋基地"形式的肉羊标准化养羊联合体，基本运行方式是：

（1）A 级会员户（纯种繁育户）：养殖户采购或承包金峰优质基础母羊和相应的种公羊后即与公司签订相关的技术服务合同和产品回收合同，为养殖户建立档案，实行跟踪管理（图 150）。并且公司在自有的 52 万亩草牧场中为每个养殖户按 12 亩草场一个羊单位租给相应的草场，并且在舍饲期间为贫困的养殖户垫付相应的饲草、饲料等生产资料费用。在 1 个生产周期结束时，公司组织技术人员深入养殖户进行产品鉴定、回收，再扣除相应承包费用和垫付款项。羊毛全部实行机械剪毛、按国际标准的羊毛检验分级方法统一打包销售；回收的羔羊符合标准的公司统一育成进入下一个生产周期，不符合种用标准的羔羊全部育肥后送到集团的加工厂屠宰、加工。

（2）B 级会员户（改良导血户）：养殖户采购回金峰优质种公羊后，改良导血自有的基础母羊。公司也与其签订相关的技术服务合同和产品回收合同，养殖户利用自有的生产资料进行养殖。在 1 个生产周期结束时，公司组织技术人员深入养殖户进行产品鉴定、回收。符合饲养用的母羔，公司再育成销售。公羔及不符合饲养用的母羔全部育肥后送到集团的加工厂屠宰、加工。

这样既为广大农牧民提供适销对路、质优价廉的良种，又为集团子公司的发展提供了有力支持。截止到 2010 年末，公司总资产11 256.49万元，2010 年销售种羊 1.2 万只，销售商品羊 15 万只，销售羊毛 400 吨，实现销售收入 10 282.94 万元，实现利润 911.52万元。2010 年企业回收羊联体会员户合格种母羊 1 万多只，优质细毛 350 吨，回收羔羊 13.5 万只，会员户增收 930 万元，会员户人均增收 2 300 元。

图 150　联户经营模式

第三节 企业经营

一、内蒙古乌兰察布市赛诺牧业科技有限公司龙头企业带动模式

内蒙古乌兰察布市的赛诺牧业公司作为当地家畜生产的龙头企业，是当地 1 名畜牧科技人员与 5 位牧民共同组建的畜牧生产经营企业。自 2005 年开始，公司以良种肉用羊种羊生产和繁育、杂交肉用生产与育肥为主，提高了肉羊生产性能，并通过改善肉羊品质，开拓了高端肉羊市场，实现了优质优价，并通过杂交优势提高了羊的生产性能和个体经济效益，达到少养精养。公司还通过合作组织联合牧民开展肉羊产业化生产，增强了当地牧民畜产品的市场竞争能力，达到保护草原生态环境与牧民增收的双重目标。

公司现在有种羊场 1 个，杜泊羊 840 只，其中母羊 575 只，种公羊 265 只，每年提供胚胎 2 000 枚。有年出栏 3 万只育肥羊的集约育肥场 1 个，生态肉羊养殖示范牧场 2 个，肉羊新品种培育合作户 13 个。通过牧民养殖协会，与 295 个示范户建立了合作关系，年生产杜蒙杂交肉羊 5 万只。该企业目前已成长为当地的畜牧业龙头企业。

杜泊羊与当地蒙古羊、戈壁羊杂交改良后的羔羊，采用半舍饲方式饲养，即母羊怀孕后期 3 个月放牧结合补饲、哺乳期全舍饲，其余 6 个月放牧。羔羊在 2～3 月龄强制断乳，并集中育肥 45～60 天后出栏，出栏体重 40～45 公斤。母羊 2 年 3 次配种，按照此模式每只羔羊比原来增收 120～150 元，每只母羊年均增收提高 1 倍，使现有 100 只母羊的效益相当于原来 200 只母羊的效益，大大降低了基础母羊的存栏量。

与当地牧民合作时，建立了合作组织，用于统一采购饲料和统一销售产品，降低了饲养成本；同时通过结合政府补贴给牧民提供种公羊（政府补贴 3 000 元，公司优惠 500 元），与牧民签订订单生产杂交羊羔，公司以每公斤活重高于市场 2～4 元的价格回收杂种羔羊进行育肥，

并为合作牧户提供育肥羊借款（图 151）。

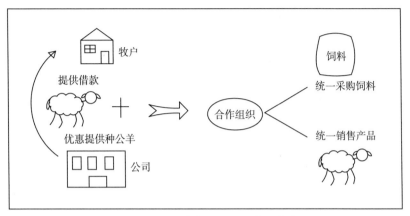

图 151　乌兰察布龙头企业带动模式

二、草畜一体工厂化养殖模式

草畜一体工厂化养殖模式的代表企业是石嘴山市惠农卉丰草业公司。

该公司以 3 000 亩自有土地为基础，通过租赁、承包农户和农场土地等土地流转方式，建立苜蓿基地 22 000 亩。生产优质苜蓿草，在满足公司自有奶牛场 2 000 头奶牛和周边奶牛养殖企业的前提下，其余全部销往蒙牛澳亚牧场，牧草产品实现了边打捆边装车外运，实现零库存（图 152）。

奶牛养殖场使用"奶业之星"智能化管理系统，对奶牛实施科学养殖，每头奶牛产奶量平均达到 8 000 公斤以上，是农户自养产量的 1～2 倍。公司已建设标准化奶牛犊牛圈舍 435 米²；建设现代化挤奶大厅 1 座 480.5 米²；活动场地 1 800 米²；棚舍 300 米²；购买奶牛 B 超机 1 台，青贮取料机 1 台，阿非舍并列式挤奶设备 1 套。

优质苜蓿生产基地年产干草 10 000 多吨，产值达到 1 297 万元，年收入 480 万元。托养 50 户农户奶牛 500 头，年产鲜奶 5 475

吨，奶牛单产水平由过去的 25 公斤提高到 30.5 公斤左右，销售收入 1 916.25 万元。农户每户收入 2.6 万元，同时有效地带动了周围奶牛养殖户 120 户 3 500 头，示范户户均增收 5 000 元。同时推广 TMR 全混合日粮饲喂技术、青贮玉米调制技术、奶牛疫病防治综合防控技术、奶牛两病检疫技术及引进的国外优质冻精和种牛对提高我区牛群品质起到了积极作用，也为周边农民种植苜蓿起到了很好的示范推广作用。

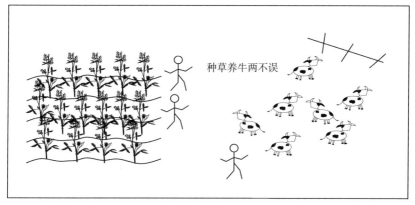

图 152　草畜一体工厂化养殖模式

三、淳化县农区畜牧业养殖模式

陕西省咸阳市淳化县车坞镇贤仓村，位于渭北旱塬区，农林草地的结构比例为 5：2：3，林草地占总土地面积的 50%，为畜牧业的发展奠定了基础。为此，试验站与淳化县农业局，建立了农区畜牧业养殖模式，由 5 户农民成立恒发养殖合作社，每户养殖 30～70 头牛，总规模 200 头，采用集体规模化饲养模式，统一对外经营（图 153）。入社农户由淳化县农业局统一管理进行技术培训、参观学习，联系品种的更换与引进，协调农户与农户、农户与企业和企业与地方等的关系。由咸阳牧草试验站担任技术指导，主要负责牧草品种选择、种植方法、秸秆青贮、饲草料配置等技术。企业法人代表张志明，注册资金 150 万元，企业主要开展标准化饲养和规模化运行，提高饲养效率，降低饲养成本。形成了政府—企业—科技—农户结合的产业化经营模式，企业与农户签订合同，达成利益共享风险共担的共同体，在自愿互利效益共赢的基础上，通过合理开发利用草地和作物秸秆，达到既保护生态环境又发展区域经济的目的。

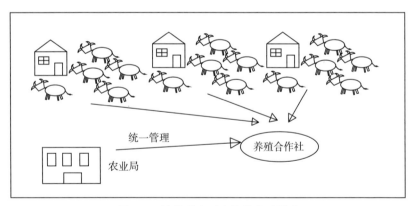

图 153　淳化县农区畜牧业养殖模式

四、内蒙古赤峰市阿鲁科尔沁旗龙头企业带动模式

内蒙古赤峰市阿鲁科尔沁旗北方肉业有限责任公司，成立于 2008 年，现有固定资产 2 850 万元，职工 80 人，其中技术人员 20 人。2010

年顺利通过国家级肉牛养殖示范场验收，2011 年 4 月被评为国家级肉牛养殖示范基地。基地基础设施完备，建成高标准配套饲草料基地 3 500 亩；共建有标准化全封闭棚圈 19 800 米^2、露天钢管隔断圈舍 10 000米^2、青贮窖 4 000 米^3、精饲料储备库 500 米^2、饲料加工车间及配套饲料库 800 米^2。饲料加工运输设备，拥有每小时加工 5 吨精补料粉碎搅拌机 2 套，每小时加工 3 吨秸秆饲草揉搓机 2 套，特制饲草和饲料专用混合搅拌机械 2 套，饲草料播种收割设备 2 套，配备运输车 2 辆。

内蒙古赤峰市阿鲁科尔沁旗北方肉业有限公司总结多年来肉牛养殖、交易和产品加工等经验，整合公司、基地、农牧户及牛源等肉牛产业关键因素，推出集提供养殖、交易、融资和投资为一体的"托牛所"（图 154）。托牛所于 2010 年 9 月投入运营，占地 56 亩，批次存栏架子牛可达 6 000～8 000 头，年出栏可达 2～2.4 万头，产值可达 1.7 亿元。2011 年，批次存栏扩大到 10 000 头以上，年出栏将在 40 000 头以上。"托牛所"上联公司、下联农牧户，免费为社员提供圈舍，以成本价提供饲草料，组织标准化饲养、进行专业化防疫，为以往零散肉牛养殖户和陷入资金困难的养殖户搭建起了养殖平台，降低了养殖成本，增加了养殖效益。

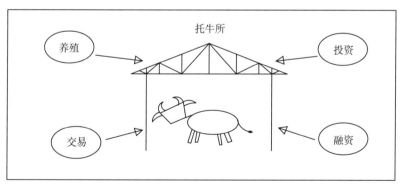

图 154　阿鲁科尔沁旗龙头企业带动模式

2011 年实现产值可达 4 亿元左右，合作社成员利润可达 3 500～6 500万元。现已发展合作社社员 2 006 户，安排就业人员 100 余人。

第四节 公司＋农户

一、内蒙古乌兰察布市四子王旗牧户布和朝鲁案例

布和朝鲁家有天然草地面积是 4 000 亩，人工草地 40 亩，主要种植谷草，每亩产草 800～1 000 斤。原有牲畜 557 只，其中：山羊 78 只，绵羊 479 只；通过畜群结构的调整和优化，将畜群规模减少到 350 只，目前畜群中主要是生产性能良好的基础母羊和后备母羊，减少了天然草场家畜放牧压力，使草场得到了有效恢复。布和朝鲁家庭牧场的主要做法是将原有畜群中的老、弱及生产力低的绵羊淘汰出栏，减少畜群数量。同时与当地龙头企业赛诺公司合作，利用绵羊品种间的杂种优势技术，将繁育羊由蒙古羊调整为蒙古羊和杜泊羊的杂种羊，以当地土生品种蒙古羊作为母畜与杜泊公羊杂交的羔羊生产为主，生产出的杂交羔羊饲养 3～4 个月，断奶后将其出售给赛诺公司进行集中育肥 45～60 天后出栏（图 155）。这样保证了杂种羔羊的效益。同时所有家畜冬季都不放牧，利用饲草料的合理利用及配给技术实行 3～5 个月的禁牧舍饲，既提高了繁殖成活率，又减少了家畜冬季放牧的掉膘损失，家畜日增重提高，出栏早且出栏数量增加，使养羊生产的收入在家畜数量减少的情况下仍然有提高。同时夏季仅放牧成年蒙古母羊和后备母羊，减少了草场放牧家畜数量，草

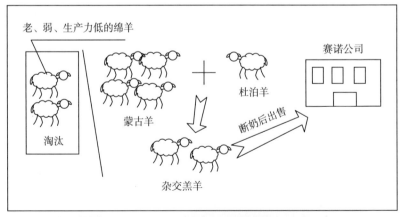

图 155　布和朝鲁家利用草地

地明显恢复。减畜之后轻度、中度退化草地恢复率达 70%，重度退化草地恢复率达 45%，天然草地干草亩产量平均增加 16.7 公斤。

二、公司＋专业合作组织＋农户模式

彭阳县荣发农牧有限责任公司成立于 2005 年，公司立足彭阳县 103 万亩苜蓿植面积的资源优势，2005 年建立苜蓿草饲料加工厂，占地面积 15 000 米²，现有职工 356 人，主要从事苜蓿草饲料加工、销售、特色农副产品购销等业务。

公司下设苜蓿草收购点及半成品加工厂 22 个，主要生产苜蓿草颗粒、草块、草粉、草捆、玉米秸秆饲料等系列产品，年加工能力 5 万吨。产品质量可靠，"荣发"牌苜蓿草颗粒和"荣荟"牌草捆被评为"宁夏名牌产品"，外销韩国、日本、科威特、阿拉伯联合酋长国等国家，内销山东、四川、内蒙古、福建、广州、上海、台湾等地区及周边地区。

企业通过了 ISO 9001：2008 质量管理体系认证、ISO 14001：2004 环境管理体系认证和 ISO 22000：2005 食品安全管理体系认证，GB/T28001—2001 职业健康安全管理体系认证，拥有自营进出口权。总资产 1 675 万元，2007 年评为"自治区扶贫龙头企业"、"固原市农业产业化龙头企业"，2008 年确立为首批宁夏乡镇企业及农产品加工业自治区级"诚信企业"，2009 年又被评为"自治区农业产业化龙头企业"，2010 年被固原市评为"优秀龙头企业"。

公司通过"公司＋专业合作组织＋农户"的经营模式，2010 年实现工业产值 2 400 万元，创汇 10 万美元，利润 90 万元，项目区辐射带动 5 300 多户农民户均收入 5 000 元以上。通过市场引导，科技支撑，促进固原市草产业发展，带动农民脱贫致富。

具体做法是：企业同专业合作组织签订中长期牧草种植购销合同。根据合同规定，企业对苜蓿种植基地采取统一规划、统一丈量、统一供肥、统一耕作、统一机播的"五统一"，免费为农户种植牧草提供技术支持和赊销化肥等农业生产资料。事先签订合同确定牧草最低保护收购价，规定当市场价格高于保护价时，随行就市，当市场价低于保护价时按照保护价收购，降低了农户市场风险；保障了企业优质牧草稳定供应，解决了农户牧草销售困难的问题，向农户提供了就业机会，增加农户收入。

三、公司＋基地＋农户模式

宁夏农垦茂盛草业有限公司是以苜蓿草种植、加工、销售为主业的草业企业，自治区农业产业化重点龙头企业，也是宁夏贺兰山优质牧草种养加综合示范基地。公司总资产 5 258.47 万元，建植 3.45 万亩优质高产的苜蓿基地，拥有 125 台（套）田间收获加工设备和 7 座草产品加工厂，年产苜蓿草产品 3 万余吨。贺兰山牌苜蓿草系列产品有：初级草捆、高密草捆、草节捆、草颗粒、草粉，除供给区内 60 余家奶牛养殖场外，还远销内蒙古、陕西、山西、四川、上海、广州等省（自治区）市。目前已成为国内重要的商品苜蓿草基地和经营企业，"贺兰山牌"苜蓿草被评为宁夏著名商标和宁夏特色品牌。公司参与建设国家苜蓿草产业技术体系优质苜蓿草产品标准化生产核心试验站。

公司经营模式：公司将自有土地作为苜蓿生产基地向农户出租，农户承包土地种植苜蓿，并向公司交售苜蓿干草（图 156）。

图 156　公司＋农户模式

根据合同规定，农户按每亩 200 元向公司缴纳土地租赁费，苜蓿收获后统一交售给公司，公司依据苜蓿草品质按照优质优价原则收购农户苜蓿。苜蓿种植生产由农户负责，公司则组织农户统一购买种子、化肥、农药，为农户提供苜蓿种植技术指导；苜蓿收获时，公司为农户提供有偿机械收获服务；农户收获首蓿后交给公司，由公司统一加工销售。茂盛草业公司始终在产业中居于主导地位，协调种植户、农机户、运输业主、劳务工等各方利益关系，尤其在市场波动情况下，及时征求意见，出台价格政策，保持稳定产业体系。形成了公司＋基地＋农户的产业化经营模式和较为合理的产业链，同农户达成利益共享风险共担的共同体，在自愿互利共赢基础上，通过发展首蓿产业，承包户能从每亩首蓿地上获得1 400～1 500元的纯收入，企业和农户都获了较高的经济收益。

公司所辖奶牛养殖场为国家农业部奶牛高产养殖示范场，目前奶牛存栏800头，规划十二五期间发展2 000头，远景规划发展到2万头，养殖场区已经建成。

四、旬邑县奶牛养殖与饲草配置利用模式

为了改善农民的生存环境，防止农村的环境污染，提高农民的经济效益，将农村的分散养殖（户养），改为集约化养殖，建立政府—科技—农户—企业为一体的新型集约化养殖模式。

地方政府出台一系列切实可行的优惠政策，鼓励和支持引导分散养殖户与企业联合进行集中养殖，并充分利用退耕地和山坡地、撂荒地种植优质牧草首蓿，加强对种植牧草地的全面管理。

试验站协助企业以西北农林科技大学奶牛养殖基地为中心，在专业技术人员的指导与配合下，改良优化奶畜品种，提高良种覆盖率，确保奶畜良种繁殖率达到85％。对引进的优良品种，切实搞好试验示范，为有计划、有步骤、大规模推广提供重要依据。优质饲草种植：协助农户从牧草的品种选择、种植方法、田间管理、刈割和加工、贮存利用等方面进行指导。规范舍饲养殖：大力推行标准化圈舍、饲草料配置、规范化养殖和科学化管理的标准化生产模式，提高奶畜及鲜奶单产和质量。实现由粗放、分散经营向基地化、规模化、标准化、产业化经营的转变。同时，指导养殖大村、养殖小区建设，确保圈舍规范、经济实用和冬季防寒夏季避暑的标准化养殖。积极引导群众充分利用农作物秸秆和农副产品剩余物（麸皮、油渣、豆饼、粉渣等）配置混合饲料，大力推广秸秆青贮、氨化技术，提高秸秆利用率，降低养殖成本，并协助指

导优质牧草、秸秆、混合精料的配置（图 157），满足不同季节、不同饲龄、不同泌乳期奶畜对饲草料的需求，做到良种、良法、良养，保证奶畜生产正常化和优质化。

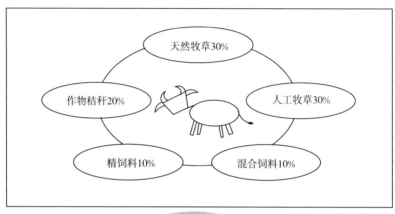

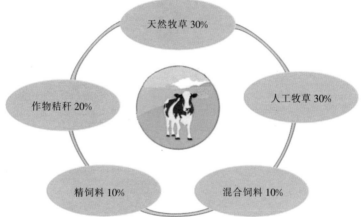

图 157　饲草配制利用模式

农户在专业技术人员的指导与配合下，直接开展牧草种植加工、畜牧养殖等工作。

企业在牧草种植与畜牧养殖中明确资金的投入，企业与牧草种植户签约饲草加工收购和养殖销售合同。

第四部分　附　　录

分群栏

围栏维修

称　重

称重门

牲畜上车架

自动投料架

牲畜体外寄生虫防除设施

牲畜饮水槽

围栏维护紧线器

（一）9QP—830 型草地盘齿式破土切根机

1. **技术特点**：与传统的草地改良使用的铧式犁、潜松犁、圆盘重耙、深松铲等土壤耕作机械相比，该机具切刀正转高速旋转切断羊草横走根茎时，切刀碰触的羊草根系沿切缝被切断，地面植被没有出现缠草、草根移位错位或被带出土层的现象，作业后地面平整。同时，纵向或网状的切缝将整体板结的土层划分成大量微小的周边通透的单元体，水分沿切缝向土壤深处和两侧传递，实现了间隔疏松、虚实并存的土壤状态，有利于有机物和亚氧化物被迅速分解为氧化物，不断提供给新生的植物群落，消除了制约羊草无性繁殖的板结土壤因素，从而改善了植物生长的土壤条件。

2. **适用范围**：可在我国大部分草场应用，用于退化草场改良和草原生态恢复，可大幅度提高牧草产量，保护草原生态环境。

3. **主要技术指标**：

（1）外形尺寸：2 540 毫米×1 170 毫米×1 222 毫米

（2）配套动力：60 千瓦以上拖拉机

（3）机具重量：450 公斤

（4）工作幅宽：2.4 米

（5）作业行数：8 行

（6）与拖拉机的连接方式：标准三点悬挂

（7）最大耕深：205 毫米

（8）传动方式：中间齿轮传动

4. 作业效果：

（1）土壤容重下降比率：深度 0～5 厘米，3.53％；深度 5～10 厘米，1.58％；深度 10～15 厘米，4.21％；深度 15～20 厘米，14.08％。

（2）增产效果：天然草地，110.52％；人工草地，29.14％。

5. 机械（具）图片：

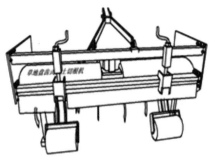

6. 研制单位： 中国农业大学

（二）9GYZ—1.2 型自走式刈割压扁机

1. 技术特点： ①适应性强：适合丘陵、山地等复杂地形上的作业；②机动灵活：无级调速，后轮转向；工作效率高，刈割后的苜蓿品质损失小。小地块种植的苜蓿收获，特别是丘陵、山地等复杂地形上的苜蓿收获作业及其他牧草的收获。

2. 技术指标：

（1）外形尺寸：3 500 毫米×1 200 毫米×2 100 毫米

（2）配套动力：25 千瓦以上拖拉机

（3）机具重量：1 600 公斤

（4）工作幅宽：1.35 米

（5）割茬高度：30～100 毫米

（6）作业效率：1.5 公顷/小时

3. 机械（具）图片：

4. 研制单位：中国农业大学

（三）9YGQ—1.0 型青贮圆草捆打捆机

1. 技术特点：9YGQ—1.0 型圆草捆打捆机是链板式圆捆机，该机由传动系统、牵引装置、喂入机构、成捆室、缠网机构、液压系统以及卸草器等组成。该机可以在拖拉机的牵引下工作。

2. 适用范围：9YGQ—1.0 型圆草捆打捆机是青贮玉米成捆收获机械，主要用于青贮玉米的收获。它能将玉米收获机输送过来的物料喂入、压缩成圆形草捆，并缠绕丝网，便于后续的青贮裹膜。

3. 主要技术指标：

（1）草捆直径：1 000 毫米

（2）草捆长度：1 000 毫米

（3）草捆重量：300 公斤（含水率 60％ 的青贮玉米）

（4）配套动力输出轴转数：540 转/分

（5）配套动力：35 马力 * 以上轮式拖拉机

4. 研制单位：中国农业大学

（四）9ST—460 型草地振动式间隔松土机

1. 技术特点：机具采用圆盘式前导土垡切割部件，切断草场地表的牧草根系，形成条状土垡；由动力系统驱动的倒梯形振动松土铲完成对土壤的强制疏松，而后铺放于原来位置；相邻间的单组松土部件采用

＊ 1 马力＝0.735 千瓦，编者注。

间隔配置，实现对草场土壤的间隔疏松，达到虚实并存的目的。

2. 适用范围：可在我国大部分草场应用，用于退化草场改良和草原生态恢复，可大幅度提高牧草产量，保护草原生态环境。

3. 主要技术指标：

（1）外形尺寸：1 800 毫米×2 300 毫米×1 400 毫米

（2）配套动力：48 千瓦以上拖拉机

（3）机具重量：1 800 公斤

（4）工作幅宽：2.4 米

（5）作业行数：4 行

（6）生产效率：0.5～0.8 公顷/小时

（7）振动频率：6.8 赫兹

（8）作业质量：松土深度 150～200 毫米

（9）松土比（疏松与未松）：0.88

4. 作业效果：

（1）土壤容重变化率：　≥30％

（2）土壤坚实度变化率：≥30％

5. 增产效果：

（1）人工草场：≥10％

（2）天然草场：≥20％

6. 机械（具）图片：

7. 研制单位：中国农业大学

（五）紫花苜蓿施肥播种机

1. 技术特点：

（1）一次完成开沟、播种、施肥、覆盖、镇压等多项作业，采用单体仿形，适合草场、丘陵坡地等地块中作业。

（2）一机二用，即可施肥又可播种，降低了农民的购机成本。

（3）播种行距和深度可以根据不同地域的需要进行调整。

（4）排种器根据苜蓿播种特点进行专门设计，播量调节幅度大，播种均匀，低破碎率。

（5）最新研制的防拥堵结构，开沟器错位安装，开沟器不缠草，播种作业不拥堵。

（6）该机具装有新型带刃开沟器，不缠草，不拥堵，自覆土效果显著。即便在土质较硬的地块中也能正常作业。

2. 适用范围：可适用于略有起伏的干旱土地进行播种施肥作业。

3. 主要技术指标：

（1）配套动力：35 千瓦轮式拖拉机

（2）生产率：0.4～0.6 公顷/小时

（3）外形尺寸：1 100 毫米×1 600 毫米×1 000 毫米

（4）播种行数：6 行

（5）行距：200～250 毫米

（6）播种深度：10～20 毫米

（7）施肥深度：20～40 毫米

（8）亩播种量：8～23 公斤

（9）基本配置：排种机构、施肥机构、开沟机构、镇压机构、仿形机构、限深机构

4. 机械（具）图片：

5. 研制单位：中国农业大学

（六）9TGK—96 型太阳能牧草干燥成套设备

1. 技术特点：9TGK—96 型太阳能牧草干燥成套设备主要由太阳能空气集热器、送风系统、草捆干燥箱和控制系统组成。9TGK—96 型太阳能牧草干燥成套设备干燥作业原理：通过太阳能空气集热器将太阳能转换成热能，通过风送系统把热风输送到草捆干燥箱中，把干燥箱上整齐铺放的草捆干燥（草捆的水分被加热的空气带走而干燥）；控制系统可实现干燥过程自动化，可根据草捆的含水率情况，进行干燥时间长短的控制。

2. 适用范围：人工种植草场，商品草的生产（如苜蓿）。

3. 主要技术指标：

（1）草库有效容积（空气集热器下面）：540 米^3

（2）空气集热器面积：250 米^2

（3）苜蓿打捆时含水率：30%～40%

（4）每批次生产能力：96 捆（1.8～2 吨）

（5）每批次干燥时间：白天 3～4 小时（晴朗天气），夜晚 5～6 小时（草捆干燥前含水率 30%～40%，干燥后含水率≤20%）

（6）配套动力：≤25 千瓦

4. 机械（具）图片：

5. 研制单位：

单位名称：中国农业机械化科学研究院呼和浩特分院

地　　址：内蒙古自治区呼和浩特市赛罕区昭乌达路 70 号

电　　话：0471－4961275

传　　真：0471－4951307

网　　址：http：www. caamshb. org. cn

（七）9BQM—3.0型气力式免耕播种机

1. 技术特点：9BQM—3.0气力式免耕播种机是一种能在田间破茬、开沟、播种、覆土、镇压、平铺联合作业的气力式免耕播种机。该设备不受种子外形、尺寸和重力等物理特性的影响，在不更换任何零部件（包括槽轮）的情况下，能满足各种类型农牧业作物种子的条播。

2. 适用范围：适合于人工天然草场的牧草条播，以及适合于条播的农作物（如小麦、大麦等）。

3. 主要技术指标：

（1）配套动力：90/120（千瓦/马力）

（2）作业宽度：3 米

（3）播种行数：18 行

（4）行间距：16.5 厘米（可调）

(5) 播种深度：10～50 毫米（可调）

(6) 作业速度：8～15 公里/小时

(7) 种箱容量：2 000 升

(8) 机器总重量：3 460 公斤

(9) 风机转速：2 800 转/分钟

4. 机械（具）图片：

5. 研制单位：

单位名称：中国农业机械化科学研究院呼和浩特分院

地　　址：内蒙古自治区呼和浩特市赛罕区昭乌达路 70 号

电　　话：0471－4961275

传　　真：0471－4951307

网　　址：http：//www. caamshb. org. cn

（八）9GBQ—3.0 型切割压扁机

1. 技术特点：9GBQ—3.0 型切割压扁机是用来收获高产、多水分的种植牧草、天然牧草和芦苇、秸秆等作物。它可以同时完成切割、压扁、集拢铺条 3 种作业工序，其独特的设计能最大限度保护牧草的营养成分，使茎叶同步干燥，缩短田间晾晒时间。不仅可以减少在田间晾晒时的损失，还可缩短收获时间，为后续的捡拾压捆、压垛等收获作业准备好高质量的草条。

2. 适用范围：适合收获高产、多水分的种植牧草、天然牧草和芦苇、秸秆等作物。

3. 主要技术指标：

（1）配套动力：26 千瓦以上、传动轴转速 540 转/分拖拉机

（2）割幅：3 000 毫米

（3）草条宽度：1 100～3 000 毫米

（4）割茬高度：35～160 毫米

（5）最高工作速度：8～10 千米/小时

4. 机械（具）图片：

5. 研制单位：

单位名称：中国农业机械化科学研究院呼和浩特分院

地　　址：内蒙古自治区呼和浩特市赛罕区昭乌达路 70 号

电　　话：0471－4961275

传　　真：0471－4951307

网　　址：http：//www.caamshb.org.cn

（九）9GYZ—4.0 型联合割捆机

1. 技术特点：该机自带发动机，通过传动系统带动各零、部件实现切割、捡拾、压缩和捆绑作业，整个过程是在机器行进中完成的，稻秆（去穗）、麦秆（去穗）被不断地切割、捡拾、输送、喂入、压缩、打捆，实现连续作业。由于本机转弯半径小，所以适合于稻田、麦田和各种饲草的切割、捡拾打捆作业，打出的草捆有利于运输和加工。该机性能稳定可靠，生产率高，使用操作方便。

2. 适用范围：主要适应含水率不大于 20％的站立稻秆（去穗）和站立麦秆（去穗）的切割、捡拾、压缩和打捆的一次性联合作业；也可对饲草直接进行切割铺条，饲草含水率达到打捆要求时，再用该机进行

打捆作业；也可直接对含水率达到打捆要求的草条进行打捆。

3. 主要技术指标：

（1）割台内侧幅宽：3 900 毫米

（2）捡拾器内侧幅宽：1 960 毫米

（3）草捆尺寸（高×宽×长）：360 毫米×460 毫米×（300～1 200)毫米

（4）成捆率：≥98%

（5）草捆密度（牧草含水率为 17%～23%）：120～180 公斤/米³

（6）整机外形尺寸（长×宽×高）：7 100 毫米×4 500 毫米×3 150毫米（不带放草板）

（7）整机重量：4 500 公斤

（8）配套动力：63 千瓦

4. 机械（具）图片：

5. 研制单位：

单位名称：中国农业机械化科学研究院呼和浩特分院

地　　址：内蒙古自治区呼和浩特市赛罕区昭乌达路 70 号

电　　话：0471 - 4961275

传　　真：0471 - 4951307

网　　址：http：//www. caamshb. org. cn

（十）9GZ—0.5/1.0 型自走式灌木平茬机

1. 技术特点：9GZ—0.5/1.0 型自走式灌木平茬机适合柠条、沙柳等各种灌木的收割，其可以根据不同的地形进行仿形切割，且割茬平整，切割过程不易出现扯皮现象，切割效率高，割完后灌木再萌能力增强。其次主机还可以挂接相应的铲斗和夹草爪，可以真正实现一机多用。

2. 适用范围：适合于各种地形上柠条、沙柳等灌木的收割、平茬。

3. 主要技术指标：

（1）9GZ—0.5 型自走式灌木平茬机

①外形尺寸（长×宽×高）：6 300 毫米×1 740 毫米×2 650 毫米

②配套动力：59 千瓦

③锯片转速：0～1 800 转/分

④锯盘直径：510 毫米

⑤锯盘个数：1 个

⑥最大割幅：2.2 米

⑦最大爬坡力：35°

⑧工作速度：0～1 千米/小时，0～6 千米/小时

（2）9GZ—1.0 型自走式灌木平茬机

①外形尺寸（长×宽×高）：6 300 毫米×1 740 毫米×2 650 毫米

②配套动力：59 千瓦

③锯片转速：0～1 800 转/分

④锯盘直径：510 毫米

⑤锯盘个数：2 个

⑥最大割幅：2.5 米

⑦最大爬坡力：35°

⑧工作速度：0～1 千米/小时，0～6 千米/小时

4. 机械（具）图片：

5. 研制单位：

单位名称：中国农业机械化科学研究院呼和浩特分院

地　　址：内蒙古自治区呼和浩特市赛罕区昭乌达路 70 号

电　　话：0471 - 4961275

传　　真：0471 - 4951307

网　　址：http：//www. caamshb. org. cn

（十一）9JQL 系列全混日粮搅拌机

1. 技术特点：9JQL 系列全混日粮搅拌机生产高质量的基础饲料，能被动物更好地吸收；最理想的饲料——易消化并可减少养分的流失；降低劳动强度、减少劳动时间；能够混合多种饲料，喂饲更加灵活方便；为反刍动物提供养分平衡的饲料，减少了代谢和生殖紊乱情况的发生。

2. 适用范围：9JQL 系列全混日粮搅拌机可用于青饲、干草、窖藏半干草的搅拌，同时搅拌用于家养牲畜饲喂的其他辅料和添加剂，运输、分发至饲喂区域。

3. 主要技术指标：

说明	单位	9JQL—8.0	9JQL—10.0	9JQL—12.0
总宽	米	2.35	2.35	2.35
总长	米	4.11	4.20	4.27
总高	米	2.45	2.77	3.03
混料箱容量	米^3	8	10	12

（续）

说明	单位	9JQL—8.0	9JQL—10.0	9JQL—12.0
牵引环受力				
空车	千克	470	470	470
最大	千克	3 000	3 000	3 000
轮轴受力				
空车	千克	2 320	2 440	2 510
最大	千克	7 000	7 000	7 000
每次搅拌饲喂奶牛数量	头	40～60	50～75	60～90
推荐拖拉机动力	千瓦/马力	44/60	51/70	59/80
最大总重	千克	7 819	7 939	8 009

4. 机械（具）图片：

5. 研制单位：

单位名称：中国农业机械化科学研究院呼和浩特分院

地　　址：内蒙古自治区呼和浩特市赛罕区昭乌达路 70 号

电　　话：0471－4961275

传　　真：0471－4951307

网　　址：http://www.caamshb.org.cn

（十二）9LZ—6.0 指盘式搂摊晒草机

1. 技术特点：9LZ—6.0 型指盘搂草摊晒机适合挂接在轮式拖拉机的后方，可调整搂集宽度、对地压力以及搂集角度。工作部件为带搂齿的指盘，机器靠指盘按顺序传至后一个指盘，直到形成松散通风的草条为止。改变指盘的角度可以调节草条的宽度。搂齿为长弹簧钢齿，梳草作用好，仿形性能强，搂齿在轮毂上形成辐射状配置，可消除风力影响，便于尘土通过。用拉力弹簧控制指盘对地面的压力，可根据作物和地面条件，通过拉伸调节板调节着地压力。运输时可以将指盘合起到拖拉机后方。该机结构简单，操作方便，使用可靠，故障少，功效高，作业质量好。保养简便，动力配套性能好。

2. 适用范围：适用于对天然草场、人工种植草场以及稻麦秸秆等进行搂集、摊晒作业。

3. 主要技术指标：

（1）搂草机搂草轮轮数：8

（2）运输状态宽度：3.1 米

（3）最小液压要求：6 895 千帕

（4）整机重量：540 千克

（5）最小拖拉机匹配马力（发动机）：35

（6）作业幅宽：6 米

（7）工作效率：45 亩/小时

（8）外形尺寸：4 500 毫米×6 000 毫米×1 700 毫米

4. 机械（具）图片：

5. 研制单位：

单位名称：中国农业机械化科学研究院呼和浩特分院

地　　址：内蒙古自治区呼和浩特市赛罕区昭乌达路 70 号

电　　话：0471－4961275

传　　真：0471－4951307

网　　址：http：//www.caamshb.org.cn

（十三）9YFC—1.7型方草捆捡拾压捆机

1. 技术特点：该机采用后悬挂侧牵引的挂接牵引方式，可以避免机器在作业过程中碾压饲草或秸秆；整机成T形结构，可以保证整机的运动平稳与草捆外形平整；独特的喂入腔开放式结构，为捡拾起来的玉米秸整秆提供了足够的铺放空间；喂入装置采用相互独立的四连杆机构，可以均匀地将喂入腔里的玉米秸秆输送喂入到压缩室；采用进口先进的打结器，保证机器的成捆率，草捆的密度大；采用螺旋手动压力调节装置，可以根据需要快速设定草捆的密度；采用轮盘齿条草捆长度调节装置，调整齿条的定位块的位置，调整草捆的长度。

2. 适用范围：该机适用于对牧草、稻麦秸秆、芦苇和玉米秸秆等机型打捆作业。该机特别适合于针对玉米秸秆的捡拾打捆作业。

3. 主要技术指标：

（1）外形尺寸（长×宽×高）：6 000毫米×2 700毫米×1 550毫米

（2）捡拾器内侧幅宽：1 720毫米

（3）成捆率：≥98％

（4）草捆尺寸（高×宽×长）：360毫米×460毫米×（300～1 200)毫米

（5）草捆密度（当牧草含水率为17％～23％时）：豆科牧草≥150公斤/米^3，禾本科牧草≥130公斤/米^3，稻、麦秸秆≥100公斤/米^3。

（6）牧草总损失率：禾本科牧草≤2％，豆科牧草≤3％。

（7）配套动力：≥25.8千瓦

（8）生产能力：2～6吨/小时

4. 机械（具）图片：

5. 研制单位：

单位名称：中国农业机械化科学研究院呼和浩特分院

地　　址：内蒙古自治区呼和浩特市赛罕区昭乌达路 70 号

电　　话：0471 - 4961275

传　　真：0471 - 4951307

网　　址：http：//www.caamshb.org.cn

（十四）9YFE—450 型二次饲草压捆机

1. 技术特点： 9YFE—450 型二次饲草压捆机是由液压系统、槽体、底盘和电控四部分组成的专用牧草加工机械，它是融机械、电子、液压等技术于一体的先进牧草压缩设备，具有耗电少、占地面积小、产量高、移动方便、操作简单等优点，是牧草高密度压捆的理想设备。

2. 适用范围： 9YFE—450 型二次饲草压捆机适用于对小方捆进行二次加压，形成高密度的小方捆，利于减小体积，降低运输成本。

3. 主要技术指标：

（1）外形尺寸：5 300 毫米×2 700 毫米×1 750 毫米

（2）整机重量：4 000 公斤

（3）电机功率：22 千瓦

（4）正常工作压力：16～20 兆帕

（5）系统使用传动介质：N46♯抗磨液压油

（6）系统清洁度要求：NASⅡ级

（7）系统正常工作油温范围：20～55℃

（8）草捆出口尺寸：450 毫米×450 毫米×500 毫米

（9）成品草捆密度：280～400 公斤/米³

（10）成品包装形式：套绳、塑编套袋

4. 机械（具）图片：

5. 研制单位：

单位名称：中国农业机械化科学研究院呼和浩特分院

地　　址：内蒙古自治区呼和浩特市赛罕区昭乌达路 70 号

电　　话：0471－4961275

传　　真：0471－4951307

网　　址：http://www.caamshb.org.cn

（十五）9YFS—2.0 型三道捆绳方草捆捡拾压捆机

1. 技术特点：9YFS—2.0 型三道捆绳方草捆捡拾压捆机的牵引梁具有中心牵引和偏置牵引两种方式，可直接在地块对饲草进行捡拾、喂入、打捆作业；机器是中心对称构造，双曲柄活塞更稳定可靠；压缩室的独特设计，保证了草捆密度均匀以及较佳的草捆外形；自带风冷发动机，充足的动力保证草捆密度；根据作业环境，在驾驶室里控制发动机转速，来控制捡拾器转速和活塞的往复次数；较高的离地间隙，即使在不平的地块也能防止穿针被碰坏及行动自如；捡拾器安装 4 组弹齿梁，不仅喂入量大，效率高，且带仿形能力，捡拾干净；能在恶劣的气候条件下作业。

2. 适用范围：9YFS—2.0 型三道捆绳方草捆捡拾压捆机适合于对牧草、稻麦秸秆及芦苇等进行捡拾打捆作业，可以形成中密度的中等大小的草捆，提高收获效率。

3. 主要技术指标：

(1) 捡拾器内侧幅宽：1 970 毫米

(2) 草捆尺寸（高×宽×长）：380 毫米×560 毫米×（350～1 300）毫米

(3) 成捆率：≥98%

(4) 草捆密度（牧草含水率为 17%～23%）：130～230 千克/米³

(5) 自带发动机功率：≤50 千瓦

(6) 系统电压：24 伏

(7) 外形尺寸（长×宽×高）：7 250 毫米×2 650 毫米×1 750 毫米

(8) 整机重量：3 850 公斤

4. 机械（具）图片：

5. 研制单位：

单位名称：中国农业机械化科学研究院呼和浩特分院

地　　址：内蒙古自治区呼和浩特市赛罕区昭乌达路 70 号

电　　话：0471 - 4961275

传　　真：0471 - 4951307

网　　址：http://www.caamshb.org.cn

（十六）9YG—1.2 圆草捆打捆机

1. 技术特点：9YG—1.2 圆草捆打捆机是钢辊外卷式圆捆机，该机由传动系统、牵引装置、捡拾器、喂入机构、成捆室、捆绳机构、液压系统以及卸草器等组成。该机可以在拖拉机的牵引下完成捡拾、喂入、成捆、捆绳、卸捆等功能。

2. 适用范围：9YG—1.2 型圆草捆打捆机是牧草成捆收获机械，主要用于田间各种牧草和稻、麦等农作物秸秆的收获。它能将田间铺放的草条自动捡拾起来，通过输送喂入、压缩成形、捆扎等作业工序，把散状饲草捆扎成外形整齐规则的圆形草捆，便于运输、贮存。适合于在各类天然草场、种植草场以及农田进行作业。

3. 主要技术指标：

(1) 草捆直径：1 200 毫米

(2) 草捆长度：1 200 毫米

(3) 草捆重量：200～240 公斤

(4) 捡拾宽度：1 587 毫米

(5) 前进速度：5 千米/小时

(6) 动力输出轴转数：540 转/分

(7) 机具重量：1 800 公斤

(8) 配套动力：35 马力以上轮式拖拉机

4. 机械（具）图片：

5. 研制单位：

单位名称：中国农业机械化科学研究院呼和浩特分院

地　　址：内蒙古自治区呼和浩特市赛罕区昭乌达路 70 号

电　　话：0471 - 4961275

传　　真：0471 - 4951307

网　　址：http://www.caamshb.org.cn

（十七）9YFQ 系列跨行式方草捆捡拾压捆机

1. 技术特点： 9YFQ 系列跨行式方草捆捡拾压捆机主要由捡拾器、输送喂入器、压捆室、打捆结构、压缩活塞、传动系统及机架等部分组成。该机由拖拉机牵引横跨在草条上前进，通过拖拉机动力输出轴将动力传递到打捆机上。捡拾、输送喂入、压缩、打捆、放捆等工序依次自动完成，草捆按固定方向整齐地排列在地面上。该机采用德国进口打结器，性能稳定，成捆率高。采用宽幅达 1.5 米和 1.95 米的两种低平弹齿滚筒式捡拾器，两侧配有仿形轮，不仅降低草条漏捡的损失，而且由于减少了干草捡拾时的提升高度，使草条很少紊乱，减少了花叶之间的揉搓脱落，这一点对苜蓿等易掉花的豆科牧草尤为重要。草条从捡拾到形成草捆落地始终使牧草在机内沿直线运动，草条输送、打捆工艺合理，有利于提高活塞的往复频率，提高生产能力。

2. 适用范围： 要用于田间各种牧草、稻麦、芦苇以及农作物秸秆的收获。它能将田间铺放的草条自动捡拾起来，通过输送喂入、压缩成形、捆扎等作业工序，把散状饲草捆扎成外形整齐规则的方形草捆，便于运输、贮存。适合于在各类天然草场、种植草场以及农田进行作业。

3. 主要技术指标：

（1）捡拾宽度：1 500 毫米和 1 928 毫米

（2）成捆率：≥99％

（3）草捆横截面尺寸：360 毫米×460 毫米

（4）草捆长度：300～1 300 毫米

（5）草捆密度：110～180 公斤/米^3

（6）打结器数量和捆绳箱容积：2 个，6 捆

（7）捆绳箱容量：6 捆

（8）配套拖拉机动力输出轴转速：540 转/分

（9）配套动力：35 马力以上拖拉机

4. 机械（具）图片：

5. 研制单位：

单位名称：中国农业机械化科学研究院呼和浩特分院

地　　址：内蒙古自治区呼和浩特市赛罕区昭乌达路 70 号

电　　话：0471 - 4961275

传　　真：0471 - 4951307

网　　址：http://www.caamshb.org.cn

（十八）9CJ—3.0 型散草捡拾运输车

1. 技术特点： 9CJ—3.0 型散草捡拾运输车是牧草收获工艺中一种捡拾运输收获机具。该机适用范围广，机构性能稳定可靠，故障率低，自动化程度高，对各种牧草、稻麦秸秆均能捡拾、装厢、运输、自动卸货。

2. 适用范围： 9CJ—3.0 型散草捡拾运输车能将田间铺放的草条（秸秆）自动捡拾起来，通过喂入拨齿、切刀切碎后送到车厢口，再通过输送装置将切碎饲草输送到车厢内、堆积于车厢后部、有效利用车厢容积，厢满运回储草点，以备储存或深加工。

3. 主要技术指标：

（1）机器外形尺寸：7 700 毫米×3 125 毫米×2 230 毫米

（2）厢体尺寸：4 500 毫米×1 950 毫米×1 950 毫米

（3）捡拾工作幅宽：≥1 600 毫米

（4）捡拾器弹齿间距：61 毫米

（5）喂入拨齿转速：56.2 转/分

（6）配套动力：≥40 千瓦

（7）设计载重量：3 000 公斤

4. 机械（具）图片：

5. 研制单位：

单位名称：中国农业机械化科学研究院呼和浩特分院

地　　址：内蒙古自治区呼和浩特市赛罕区昭乌达路 70 号

电　　话：0471－4961275

传　　真：0471－4951307

网　　址：http：//www.caamshb.org.cn

（十九）9JK—2.7 型小方草捆捡拾车

1. 技术特点：9JK—2.7 型小方草捆捡拾车采用地轮传动，挂接于主车侧方，连接方便。跟随主车一起运动，在行进过程中，自动完成方草捆的捡拾、上升和抛送等工序。结构简单、维护方便。

2. 适用范围：9JK—2.7 型小方草捆捡拾车适用于截面尺寸为 360 毫米×460 毫米的小方捆的捡拾装载作业，降低人力成本，提高工作效率。

3. 主要技术指标：

（1）总宽：1 460 毫米

（2）总高：运输位置 2 795 毫米，工作位置 3 550 毫米

（3）总长：3 104 毫米

（4）升运器宽度：547 毫米

（5）升运器平台高度：2.7 米

（6）牵引架导向段开口宽度：1.11 米

（7）行走轮：4.0—16 拖拉机导向轮

（8）工作牵引阻力：50 ～100 公斤

（9）整机重量：300 公斤

（10）生产率：捡拾升运 250 捆/小时

4. 机械（具）图片：

5. 研制单位：

单位名称：中国农业机械化科学研究院呼和浩特分院

地　　址：内蒙古自治区呼和浩特市赛罕区昭乌达路 70 号

电　　话：0471 - 4961275

传　　真：0471 - 4951307

网　　址：http：//www.caamshb.org.cn

（二十）9XS—5.0 型太阳能畜舍

1. 技术特点： 9XS—5.0 型太阳能畜舍采用模块式设计方案由畜舍建筑模块、太阳能采暖系统模块、舍用设备设施模块组成。建筑模块采用钢结构骨架，墙板采用质轻高强度复合保温材料，这样利于模块化的实施且能达到保温隔热要求。太阳能采暖系统包括壁挂式空气集热器、太阳能热水系统组成。空气集热器悬挂在畜舍南墙上，白天集热向舍内供热。太阳能热水系统包含有太阳能热管集热器、储热水箱、散热地板、循环泵、连接管路，太阳能热管集热器悬挂在畜舍屋顶，把畜舍的饲槽制成储热器放置在舍内，散热地板做成模块式置于羊床下。

2. 适用范围：9XS—5.0 型太阳能畜舍属于新型节能型畜舍，适合我国北方广大地区，可有效增加舍内温度，获得理想的牲畜生长环境。可以有效地提高牲畜的成活率、产奶量、产肉量，促进畜牧业可持续快速发展，太阳能畜舍可满足我国高寒牧区对高效节能的畜舍需求，尤其适合我国广大牧区和半农半牧区、舍饲半舍饲养殖方式。

3. 主要技术指标：

（1）舍内最低温度：≥5℃

（2）综合能耗指标降低率：≥60％

（3）太阳能供热保证率：≥40％

（4）空气集热器面积：2.2 米^2

（5）热管集热器面积：6.0 米^2

4. 机械（具）图片：

5. 研制单位：

单位名称：中国农业机械化科学研究院呼和浩特分院

地　　址：内蒙古自治区呼和浩特市赛罕区昭乌达路 70 号

电　　话：0471－4961275

传　　真：0471－4951307

网　　址：http：//www.caamshb.org.cn

一、草原与牧草部分专业术语

1. 草地：是一种土地类型，是草本和木本饲用植物与其着生的土地构成的具有生态经济功能的自然综合体。

2. 天然草地：以天然草本植物为主，未经改良的草地，包括以牧为主的疏林草地、灌丛草地。

3. 草地退化：天然草地在干旱、风沙、水蚀、盐碱、内涝、地下水位变化等不利自然因素的影响下，或过度放牧与割草等不合理利用，或滥挖、滥割、樵采等人为活动破坏草地植被，而引起草地生态环境恶化，草地牧草生物产量降低，品质下降，草地利用性能降低，甚至失去利用价值的过程。

4. 草地健康诊断：应用盖度、多度、频度、高度、产草量、有毒有害草所占比重等标准评估草地健康状况的活动，一般判别草地是否出现退化或退化的程度。

5. 有毒有害草：是指在天然草地上生长的、全身或部分器官被牲畜采食后能导致其中毒，或对牲畜产生伤害的植物。

6. 植物群落：在特定空间和时间范围内，具有一定的植物种类组成和一定的外貌及结构，与环境形成一定相互关系并具有特定功能的植物集合体。

7. 植被盖度：指植物群落总体或各个体的地上部分的垂直投影面积与样方面积之比的百分数。它反映植被的茂密程度和植物进行光合作用面积的大小。有时盖度也称为优势度。

8. 草地载畜量：指在适度利用原则下，一定的草地面积在一定的利用时期内，能够维持草地良性生态循环并保证家畜正常生长发育、繁殖的情况下，能饲养家畜的最大数量。

9. 草层高度：是指草地群落植物从地面到草层上部的高度。

10. 鼠类优势种：是指在某一区域草地上分布的鼠类中对草地危害最大的种类。

11. 物理防治：是利用简单工具和各种物理因素，如光、热、电、温度、湿度和放射能、声波等防治病虫害的措施。

12. 化学防治：利用各种化学物质及其加工产品控制有害生物危害的防治方法。

13. 生物防治：是利用生物物种间的相互关系，以一种或一类生物抑制另一种或另一类生物的方法。它的最大优点是不污染环境，是农药等非生物防治病鼠虫害方法所不能比的。

14. 生态防治：是人为创造的不利于鼠、虫、病等有害生物生存的环境条件，或充分利用生物群落中具有自身调节机制的生物活性物质，使生物防治与综合防治体系的其他部分合理结合的一种防治方法。

15. 综合防治：是指从生物与环境整体观点出发，本着预防为主的指导思想和安全、有效、经济、简便的原则，因地制宜，合理运用生物的、农业的、化学的、物理的方法及其他有效生态手段，把危害控制在经济阈值以下，以达到提高经济效益和生态效益之目的。

16. 人工草地：通过耕翻完全破坏、清除原有天然植被后，人为播种、栽培建植的以草本植物为主体的人工植被及其生长的土地，包含人工栽植主要供饲用的郁闭度小于 0.4 的人工疏灌丛群落或郁闭度小于 0.2 的疏林群落及其生长的土地。

17. 免耕种草：采用免耕或少耕的方法种植牧草。

18. 牧草单播：将一种牧草种子单独播种。

19. 牧草混播：将两种或两种以上牧草同时或稍有先后在同一块地上播种的方式。

20. 种子发芽率：种子发芽率＝（发芽种子粒数/供试种子粒数）× 100%，即种子发芽终止在规定时间内的全部正常发芽种子粒数占供检种子粒数的百分率。

21. 种子出苗率：种子破土出苗数占种子总数的百分比，出苗率的高低由种子的质量和种子所在的外部环境决定。

22. 牧草越冬率：指多年生牧草经过一个严寒的冬季后，翌年返青的株数占冬前株数的百分率。

23. 圈窝（卧圈）种草："圈窝子"是冬天牧民在夜间圈养家畜的场所，其本身在夏季一般闲置不用。卧圈种草是指为了充分利用这一资源进行饲草生产。

二、家畜生产部分专业术语

1. 季节轮牧：根据气候、地形、牧草生长的季节变化和牲畜采食量需要，将天然草地按季节的适宜性划分为季节牧场，然后按季节进行轮流放牧或季节牧场内分段放牧利用的方式，亦称为季节放牧。

2. 划区轮牧：根据草场类型，利用时间和草地载畜量以及寄生虫的侵袭动态等，将天然草场分成若干季带，在各季带中又分成若干个轮牧区，牛或羊按计划在轮牧区内放牧。

3. 羁留放牧：以绳索或羁绊将家畜系留在一定的放牧地上，以代替划区边界，当该处牧草吃完后，再换地方，继续放牧。

4. 冻精配种：指用动物冷冻精液解冻后，进行人工输精配种。

5. 经济杂交：不同品种间或不同种间的杂交，以获得杂种，并利用其杂种具有的生活力强、生长发育快、饲料报酬高等优势为目的杂交。

6. 人畜共患病：在脊椎动物与人类之间自然传播感染的疫病。人畜共患病主要有布鲁氏菌病、结核病、狂犬病、炭疽、包虫病、牛皮蝇蛆病、绦虫病等。

7. 重大疫病：主要是指对人畜危害严重，需要采取紧急、严厉的强制预防、控制、扑灭措施的动物传染病。重大疫病主要有布鲁氏菌病、口蹄疫、结核病、包虫病、狂犬病、牛皮蝇蛆病等。

8. 纯种繁育：指同品种内公、母畜的选配繁育，又称纯繁。

9. 冷季：高海拔地区当年 11 月至次年 4 月，日平均气温在 10℃以下的时段，称为冷季。

10. 暖季：高海拔地区当年 5～10 月，日平均气温在 10℃以上的时段，称为暖季。

11. 动物疫病：指动物的传染病和寄生虫病。

12. 整群：即按照牲畜的性别、年龄合理组织畜群，依照品种标准选优去劣，为选配或繁育及畜牧业生产打好基础。

13. 育成畜：幼畜从断奶后到初次产犊以前，公畜作为种用以前，称为育成畜。

14. 初乳：母畜分娩后 7 天内所产的乳。

15. 种间杂交：不同种的公、母动物间交配繁殖后代的方式。普通牛种（土种黄牛、黑白花牛、西门塔尔牛、娟珊牛等）与牦牛杂交的方式即为种间杂交。

16. 疫苗：有特定细菌、病毒、立克次氏体、螺旋体、支原体等微生物以及寄生虫制成的主动免疫制品。凡将特定细菌、病毒等微生物及寄生虫毒力致弱或采用异源毒制成的疫苗称活疫苗。用物理或化学方法将其灭活制成的疫苗称灭活疫苗。

17. 牲畜出栏率：

$$牲畜出栏率（\%）=\frac{年内出栏数量＋年内屠宰数量}{年初牲畜存栏数＋当年末繁殖成活幼畜数量}\times100\%$$

18. 年末适龄母畜比例：

$$年末适龄母畜比例（\%）=\frac{适龄母畜数}{年末牲畜存栏数}\times100\%$$

19. 母畜发情率：

$$母畜发情率（\%）=\frac{当年发情母畜数}{当年达到配种年龄的母畜数}\times100\%$$

20. 受配率：

$$受配率（\%）=\frac{输精和配种的母畜数}{当年达到配种年龄的母畜数}\times100\%$$

21. 受胎率：

$$受胎率（\%）=\frac{当年受胎母畜数}{当年达到配种年龄的母畜数}\times100\%$$

22. 产仔率：

$$产仔率（\%）=\frac{当年内出生仔畜数（包括流产，死胎儿数）}{当年受胎母畜数}\times100\%$$

23. 繁殖率：

$$繁殖率（\%）＝\frac{本年度内出生的仔畜数}{上年末适龄母畜数}\times100\%$$

24. 断奶存活率：

$$断奶存活率（\%）＝\frac{本年度断奶仔畜数}{本年度内出生仔畜数}\times100\%$$

25. 繁殖成活率：

$$繁殖成活率（\%）＝\frac{本年末断奶仔畜数}{本年达到配种年龄的母畜数}\times100\%$$

蒙甘宁现代畜牧业技术手册年历

项目 \ 月份	1月	2月	3月	4月	5月	6月	7月	8月	9月	10月	11月	12月
草原生产技术						草地退化判别						
	冬季放牧		春季休牧		夏季放牧				秋季休牧		冬季放牧	
			松土切根							松土切根		
				施肥								
				灌溉								
	鼠害防控			虫害防控							鼠害防控	
			人工草地建植									
养畜生产技术				肉牛配种						妊娠后期母牛饲养管理		
	产犊						犊牛育肥					
						羊剪毛			羊配种			
			产羔									
			羔羊口蹄疫二联苗免疫									
	牛羊布鲁氏菌病免疫											
			羊痘注射免疫									
			驱虫					药浴		驱虫